高等教育"十三五"规划教材

地下工程测量

胡海峰　廉旭刚　王冠儒　编著

中国矿业大学出版社

·徐州·

内容提要

本书以力求精简为原则,围绕地下工程控制测量、联系测量、施工测量、贯通测量、盾构法地下工程测量五大部分,全面系统地讲解了地下工程测量的基本理论知识、基本原理和精度评定方法,以达到提高教学效率、增强教学效果的目的,从而使学生能够系统、清晰地掌握地下工程测量的基本知识。

本书可作为高等院校测绘类相关专业本科生教材,也可供研究生参考使用,同时还可供相关专业领域的技术人员及科研人员参考。

图书在版编目(CIP)数据

地下工程测量/胡海峰,廉旭刚,王冠儒编著.—徐州:中国矿业大学出版社,2020.9

ISBN 978 - 7 - 5646 - 4813 - 8

Ⅰ.①地… Ⅱ.①胡… ②廉… ③王… Ⅲ.①地下工程测量－高等学校－教材 Ⅳ.①TU198

中国版本图书馆 CIP 数据核字(2020)第 178435 号

书　　名	地下工程测量
编　　著	胡海峰　廉旭刚　王冠儒
责任编辑	潘俊成　孙建波
出版发行	中国矿业大学出版社有限责任公司
	(江苏省徐州市解放南路　邮编 221008)
营销热线	(0516)83884103　83885105
出版服务	(0516)83995789　83884920
网　　址	http://www.cumtp.com　E-mail:cumtpvip@cumtp.com
印　　刷	江苏凤凰数码印务有限公司
开　　本	787 mm×1092 mm　1/16　**印张** 9.75　**字数** 243 千字
版次印次	2020 年 9 月第 1 版　2020 年 9 月第 1 次印刷
定　　价	28.00 元

(图书出现印装质量问题,本社负责调换)

前　言

随着我国经济建设及社会的快速发展，各种大型地下建筑物、城市地铁、隧道工程及矿山工程不断增加，对矿山测量提出了新任务、新要求，技术需求也从单一的矿山测量扩展到整个地下工程测量。为更好地服务国民经济建设，许多高等院校将"矿山测量"课程调整为"地下工程测量"。因此，为了满足教学的需要，特编写了本教材。

本书结合培养计划需求，以力求精简为原则，围绕地下工程控制测量、联系测量、施工测量、贯通测量、盾构法地下工程测量五大部分，全面系统地讲解了地下工程测量的基本理论知识、基本原理和精度评定方法，以达到提高教学效率、增强教学效果的目的，从而使学生能够系统、清晰地掌握地下工程测量的基本知识。

本书由太原理工大学胡海峰教授、廉旭刚副教授、王冠儒高级实验师共同编写，其中胡海峰编写第 1、2 章，廉旭刚编写第 3、4、5 章，王冠儒编写第 6 章，全书由胡海峰教授进行统稿。

在编写本书过程中，笔者参阅了大量的文献，引用了同类书刊的部分资料，在此，谨向有关作者表示衷心的感谢！

由于编者水平所限，书中可能会存在缺点和疏漏，恳请广大读者批评指正。

作　者

2020 年 3 月

目　　录

第 1 章　绪　　论

1.1　地下工程测量的种类及特点

地下工程测量是工程测量的一个重要分支,它是研究地下工程建设中测量理论与方法的学科,是测绘学科在地下工程建设中的应用。

根据工程建设的特点,可将地下工程分为三大类:第一类是地下通道工程,如隧道工程(包括城市间或国家间的铁路隧道、公路隧道、跨海通道以及输水隧洞)、城市地铁、上下水道、电力及瓦斯管道等;第二类是地下建筑物,如地下工厂、地下式住宅、地下停车场、地下文化娱乐设施(包括影剧院、游乐场、舞厅、图书室等)、地下核能发电站、地下水力发电站、地下火力发电站、地下各种储备设施、地下商业街、防御洪水灾害的地下坝、人防避难工程、防灾型城市的工事以及军事设施等;第三类是地下采矿工程,包括为开采各种地下矿产资源而建设的地下金属和非金属采矿工程。

由于工程的环境、性质和地质采矿条件的不同,地下工程的施工方法也各不相同,可分为明挖法和暗挖法。如浅埋的隧道可采用明挖法(即挖开地面修筑衬砌,然后再回填),深埋的地下工程常采用暗挖法(包括盾构法和矿山法)。对于不适用上述情况的工程,如北京长安街下的地铁修建工程,则可以采用浅埋暗挖法。由于工程特性和施工方法的不同,对测量工作的要求也有所不同,但总的说来有着很多共同之处。与地面工程测量相比,地下工程测量具有以下特点:

① 地下工程测量环境差,如工作空间狭小、黑暗潮湿、通视条件不好、经常需要进行点下对中(常把点位布设在坑道顶部)、边长长短不一,因此常常影响测量精度。

② 地下工程的坑道往往采用独头掘进,而硐室之间又互不相通,因此不便进行检核,出现错误时往往不能及时发现;并且,随着坑道向前掘进,点位误差由于累积会越来越大。

③ 测量的网形受到地下条件的限制。由于地下工程施工面狭窄,且坑道一般只能前后通视,控制测量形式比较单一。常规的地面控制测量形式已不再适合,只能采用导线形式,且要重复测量以提高测量结果的可靠性。

④ 随着工程的掘进,测量工作需要不间断地进行。一般先以低等级导线指示坑道掘进,而后布设高等级导线进行检核。

⑤ 地下工程测量往往采用一些特殊或特定的测量方法(如联系测量等)和仪器(如陀螺经纬仪等)。有的采矿工程会产生矿尘和瓦斯(如井工矿),要求仪器具有较好的密封性和防爆性。

⑥ 测量控制点的埋设受到环境和空间的限制。例如,有些点要布设在巷道的顶部或边上,这些点还受地质结构和工程的影响,测量的检核工作量较大。

1.2 地下工程测量的内容

地下工程测量包括地面控制测量、地下起始数据的传递、地下控制测量、贯通测量、地下工程施工测量、地下变形监测等。从工程建设的阶段来划分,地下工程测量对应工程勘察设计、施工、竣工等三个阶段。

1.2.1 勘察设计阶段

在地下工程勘察设计阶段,视工程规模和建筑物所处的深度,地下工程测量需要使用已有的各种大、中比例尺测绘专用地形图和带状地形图。其测绘范围除满足主体工程和附属工程的设计需要外,还应考虑岩体掘空后地面沉陷、岩体移动以及地下水渗入的可能影响范围。对于大型地下工程,测图比例尺在规划阶段为 $1:5\,000 \sim 1:25\,000$,在初步设计阶段为 $1:1\,000 \sim 1:5\,000$,在施工设计阶段为 $1:200 \sim 1:1\,000$。对于小型地下工程,初步设计和施工设计用图的比例尺采用 $1:500 \sim 1:2\,000$。此外,还要绘制纵、横断面图。

1.2.2 施工阶段

在施工阶段,要配合施工步骤和施工方法,进行施工控制测量以及建(构)筑物的定线放样测量,以保证地下工程按照设计正确施工。

1.2.2.1 地下工程的施工放样

地下工程的施工控制测量分为地面控制测量、地下控制测量、联系测量和高程控制测量。

① 地面控制测量主要采用导线和 GPS 控制网;高程控制测量一般采用水准网或三角高程控制网。高程控制网的首级网应布设成闭合环线,加密网可布设成附合路线、结点网或闭合环。

② 联系测量。对于用平硐或斜井进行施工的地下工程,可采用导线进行平面联系测量,采用水准或三角高程进行高程联系测量;如果通过竖井施工,则可采用几何联系测量(一井、两井定向测量等)或物理定向(陀螺定向测量等)的方法进行平面联系测量。高程联系测量通常采用长钢尺法、长钢丝法或电磁波测距仪测深的方法进行。

③ 地下控制测量从各硐口或井口引进,随坑道掘进而逐步延伸。地下控制网的形状和测量方法,依坑道的形状和净空的大小而定。地下平面控制一般采用导线和狭长的导线网,并加测陀螺方位角检核。地下高程控制一般采用水准测量或三角高程测量进行。

1.2.2.2 地下工程的定线放样测量

地下工程的定线放样,是指依据地下平面控制点和水准控制点,放样出施工中线和施工腰线,给出开挖的方向,从而布置炮眼进行钻爆或用掘进机械进行开挖(现已开始用激光导向的方法操纵掘进机械)的过程。待硐体成型或部分成型后,即根据校准的中线放样断面线,进行衬砌。地下工程衬砌后,进行断面测量,核实净空。用盾构机掘进的巷道则要进行盾构机姿态和管片状态的测量。

1.2.3　竣工阶段

竣工测量指的是工程竣工后,为编制工程竣工文件,对实际完成的各项工程进行的一次全面量测的作业,它为建筑物的扩建、管理提供图纸和数据资料。对于地下工程而言,在工程竣工后,要测制竣工图和记录必要的测量数据;在经营管理阶段,还要进行地下工程的设备安装、维修、改建、扩建等各种测量工作。

另外,在对地下工程施工时,岩体被掘空,围岩应力发生变化,可能导致地下建筑物及其周围岩体的下沉、隆起、两侧内挤、断裂以至滑动等变形和位移。因此,在必要时,从施工前开始直到经营期间,应对地面、地下建筑物、地下岩体进行系统的变形监测,以保证地下建筑物的安全。

1.3　地下工程测量的要求

地下工程测量可以分为地面控制测量、地上和地下联系测量以及地下工程中的控制测量、施工测量和竣工测量,其要求如下:

① 按照控制测量的原则,地面上是先"控制"后"碎部",由"高级"到"低级",从"整体"到"局部"。在地下,由于环境限制,顺序可以调整:先进行低级控制,当达到高级控制条件时再进行高级控制,总体上都必须遵循步步有检核的原则。

② 在地下工程中,两个相向开挖的工作面的施工往往因测量误差而产生竖向(高程方向)、纵向和横向错开的现象,称为贯通误差。该误差在中线方向的投影长度称为纵向贯通误差,在水平方向垂直中线方向的投影长度称为横向贯通误差,在高程方向的投影长度称为高程贯通误差(简称高程误差)。纵向贯通误差不会影响隧道的贯通质量,而横向贯通误差和高程贯通误差将影响隧道的贯通质量。高程方向易于控制,出现测量错误的概率较小,容易达到工程的要求;而横向贯通误差在测量的各个环节中稍不注意就会超限,从而引起工程中线几何形状的改变,给工程造成损失。因此,平面测量的精度是贯通质量好坏的关键。

③ 为保证地下工程的施工质量,在工程施工前应进行工程测量误差预计,预计时应将容许的竣工误差适当加以分配。一般来说,地面上的测量条件比地下好,故对地面控制测量的精度要求高一些,而将地下测量的精度要求适当降低。

④ 在地下工程测量中,应尽量采用先进的测量设备。地面控制测量应采用 GPS 测量技术进行;平面联系测量应尽量采用陀螺定向;坑道内的导线测量应采用红外测距仪测距,以加大导线边长,减少导线点数。为限制测角误差的传递,当导线前进一定距离后,应加测高精度的陀螺定向边。

1.4　地下工程测量的现状及发展

地下工程测量是一门直接为国民经济和国防建设服务的、与生产实践紧密结合的、集地质与采矿和测绘于一体的综合性应用学科,其发展可以追溯到古代。公元前 2200 年左右的古巴比伦王朝修建了长达 1 km 的横断幼发拉底河的水底隧道,罗马时代也修筑了许多隧道工程,都进行了隧道测量。我国春秋战国时代,随着矿业的发展而产生了原始的矿山测量技术,《周礼·地官司徒第二》记载"卝人掌金玉锡石之地……若以时取之,则物其地图而授之",这说明当时已经使用矿山测量图。中世纪时期,生产生活对铜、铁等金属产生了巨大的需求,在矿石开采工程中普遍采用了矿山测量技术。20世纪50年代以后,随着陀螺经纬仪、光电测距仪、电子经纬仪和计算机等在矿山测量工作中的使用,变革了传统的矿山测量学理论和技术,特别是随着高精度的全站仪和全球定位系统(GPS)等精密仪器的出现和工程建设规模的不断扩大,各种大型地下建(构)筑物(如隧道、城市地铁)的建设工程不断增多,给矿山测量提出了新任务、新课题和新要求,使其从单一的矿山测量扩大到整个地下工程测量,其服务领域也不断拓宽,同时推动了地下工程测量事业的进步与发展。

目前,国内把工程建设相关的工程测量按勘察设计、施工建设和运行管理划分为3个阶段;也有按行业划分成线路(铁路、公路等)工程测量、水利工程测量、桥隧工程测量、建筑工程测量、矿山测量、海洋工程测量、军事工程测量、三维工业测量等。总的来说,地下工程测量学主要包括以工程建筑为对象的地下工程测量和以机器设备为对象的工业测量两大部分,主要任务是为各种服务对象提供测绘保障,满足它们所提出的各种要求,可分为普通地下工程测量和精密地下工程测量。精密地下工程测量代表地下工程测量学的发展方向,大型特种精密工程是促进地下工程测量学科发展的动力。

1.4.1 地下工程测量技术的现状

1.4.1.1 传感器的研究与应用

传感器是一个非常广义的概念,可泛指各种能自动化、高精度地采集数据的设备。GPS接收机、激光跟踪仪、智能全站仪、马达驱动的全站仪、CCD数码相机以及工程岩土位移伸缩计、流体静力水准仪等都属于传感器。当今,新型、高精度和实时动态性是结构复杂的大型工程安全施工和运营的重要保障,这就要求不同专业领域的科技人员共同合作,全面了解和掌握工程的安全状态,以综合分析建筑物的实时动态,这些都需要充分利用传感器自动化和高精度的特点,来实现数据的自动采集、传输、处理和表达。这种需求极大地促进了各种传感器的研发,并在各种工程中广泛应用。

1.4.1.2 激光扫描仪的研究与应用

激光扫描仪是近几年出现的一种新型传感器,其突出优点是不需要反射合作目标,速度快、精度高,主要用于快速、精确地测定物体的表面形状,尤其适合于形状和结构特别复杂的对象,如工业设备测定、古建筑测绘等。激光扫描仪在工业测量、古迹文物保护、土木工程变形监测等方面得到了广泛的应用。目前,对激光扫描仪研究的重点集中在两个方面:一是测量精度的研究,包括距离测量精度、角度测量精度、物体表面影响和同名点的匹配精度等;二是具体的实际应用,如建筑物模型的制作、工厂复杂管道三维模型的建立、工程施工和竣工的形状资料研究等。

1.4.1.3 变形监测

变形监测的自动化是目前关于监测手段的重要话题。一个变形监测系统应该是一个测量传感器和"非测量"传感器组成的联合自动化系统。就目前的监测手段而言,大部分还是以GPS、马达驱动的全站仪和数字水准仪为主体,这是因为这几种方法设站灵活、成本低、易自动化且在大部分情况下都能满足变形测量的要求。同时,流体静力水准仪、倾斜测量仪、温度传感器、风力传感器、光纤位移传感器、交通流量测量传感器、振动测量传感器等的应用也越来越广泛,以满足具体工程的特殊要求和便于全面地进行变形分析。变形监测的对象主要集中在常规的土木工程,如道路、桥梁、隧道、铁路、水坝、厂房设备、电视塔等高大建筑物和滑坡、岩崩、雪崩等。通过大量使用各种传感器,我们不仅可以连续地测量变形本身,而且能尽可能地连续测量包括温度、水位、气压、荷载、风力、降雨量、湿度等在内的变形体周围的多种环境数据。因此,变形监测的数据处理主要集中在对连续时间序列数据的处理、对多传感器数据的联合处理、变形可视化表达和变形动态模型建立等几个方面。通过数据处理后的分析能对变形做出合理的解释,对工程建筑物的现状给出正确的评价,对变形的发展趋势给出正确的预报。

1.4.1.4 测量仪器的检校

随着各种高精度数字化仪器(传感器)的出现,如何选择更高精度的设备和方法并对它们进行有效的检验,也是地下工程测量技术发展的一个重点。例如,研究数字水准仪、电子经纬仪、流体静力水准仪、三维激光扫描仪、倾斜测量仪等能达到怎样的精度,如何检测其精度,它们在实际运行中的姿态对测量结果产生多大的影响,外界环境因素的变化影响有多大等,都有很大的发展空间。检测结果不仅是仪器使用者和仪器制造商关心的问题,也是地下工程测量需要研究和解决的问题。

1.4.1.5 高精度的陀螺经纬仪

陀螺经纬仪是确定过测站的子午线方向(陀螺北方向)和测线的陀螺方位角的仪器,是矿山、隧道等地下工程测量中的主要定向设备。由于陀螺经纬仪定向的人工观测过程费时费力,很容易造成返工且精度受到限制,所以出现了自动跟踪观测及自动数字显示的新一代陀螺经纬仪。新一代陀螺经纬仪由计算机控制,仪器自动、连续地观测陀螺的摆动并能补偿外部的干扰,观测时间短、精度高。例如,Cromad 陀螺经纬仪在 7 min 左右的观测时间内能获取 3″ 的精度,比传统陀螺经纬仪精度提高近 7 倍,作业效率提高近 10 倍。

1.4.2 地下工程测量技术的发展

① 测量机器人将作为多传感器集成系统在人工智能方面得到进一步发展,其应用范围将进一步扩大,影像、图形和数据处理方面的能力将进一步增强。

② 在变形观测数据处理和大型工程建设中,将发展基于知识的信息系统,并进一步与大地测量、地球物理、工程与水文地质以及土木建筑等学科相结合,解决工程建设中以及运行期间的安全监测、灾害防治和环境保护等各种问题。

③ 多传感器的混合测量系统将得到迅速发展和广泛应用,如 GPS 接收机与电子全站仪或测量机器人集成,可在大区域乃至国家范围内进行无控制网的各种测量工作。

④ 数据处理中数学模型的建立、分析和辨识将成为工程测量学专业教育的重要内容。数据处理由测角网的平差计算、点的坐标计算、几何元素计算发展到高密度空间三维点和"点云"数据处理、被测物体的三维重建和可视化分析、"逆向工程"以及与实体模型的比较分析、测量数据和各种设计数据库的无缝链接等。

综上所述,地下工程测量学的发展,主要表现在从一维、二维、三维到四维,从点信息到面信息获取,从静态到动态,从后处理到实时处理,从人眼观测操作到机器人自动寻标观测,从大型特种工程到人体测量工程,从高空到地面、地下以及水下,从人工测量到无接触遥测,从周期观测到持续测量,测量精度从毫米级到微米乃至纳米级。地下工程测量学的上述发展将直接对改善人们的生活环境、提高人们的生活质量起到重要作用。

第 2 章　地下工程控制测量

2.1　概　　述

地下工程控制测量包括地下平面控制测量和地下高程控制测量,目的是在地下建立一个与地面控制测量统一的坐标系统,确定各种地下工程在水平方向和竖直方向的位置及相互关系。根据地下控制点的坐标,可以放样出隧道中、腰线的位置,指出隧道开掘的方向,同时也能满足地下工程在所要求的精度范围内贯通测量的需求。

2.1.1　地下平面控制测量

地下平面控制测量受条件限制,只能采用导线的形式布设平面控制点,作为测绘和标定地下工程的平面位置的基础。

2.1.1.1　地下导线的布设原则和形式

地下导线的布设,按照"高级控制低级"的原则进行,即低级导线一定要在高级控制点的基础上发展。而井下受条件的限制,一般先发展低级控制,然后跟进高级控制。高级控制跟进后,再以高级控制点为基础发展低级控制。

地下导线布设的形式和地面一样,可布设成为复测支导线、闭合导线、附合导线及导线网等形式。

由于地下测量的特点,有时会形成一些特殊的导线。如地下闭合导线有时是在空间交叉后形成的,即导线边的平面投影相交而实际是空间交叉,称为交叉闭合导线,如图 2-1(a)所示。有时,出于某种特殊要求,例如两井定向时,与两垂球线连接的井下导线以及在两固定点间恢复已破坏了的导线点时,可以布设坐标附合导线,亦即地面测量中的"无定向导线",如图 2-1(b)所示。利用陀螺经纬仪,可在井下支导线的某些边加测陀螺定向边,这样

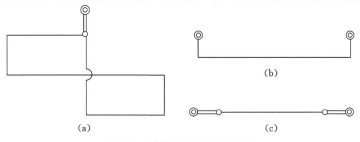

(b)

(a)　　　　　　　　　　　(c)

图 2-1　特殊形式的地下导线

在起始边和定向边或定向边之间便形成了方向附合导线,如图 2-1(c)所示。

2.1.1.2 地下平面控制导线的等级

地下平面控制导线的等级取决于地下工程的类型、范围和精度要求等,各个部门都有自己的规定。如《煤矿测量规程》规定,井下平面控制导线分为基本控制导线和采区控制导线两类。基本控制导线按测角精度分为 ±7″、±15″ 两级,一般从井底车场的起始边开始,沿主要巷道敷设。通常每隔 1.5~2.0 km 应加测陀螺定向边,以提供检核。采区控制导线亦按测角精度分为 ±15″、±30″ 两级,沿联络巷和其他次要巷道敷设,如图 2-2 所示。

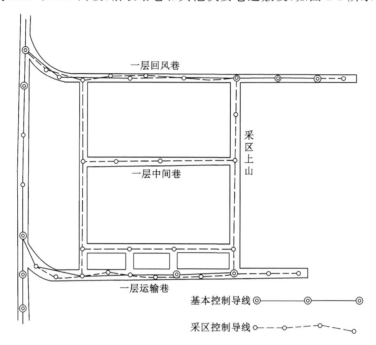

图 2-2 地下导线的布设形状

可根据采掘工程的实际需要,依地下工程的大小按表 2-1 和表 2-2 的规定进行选定。

表 2-1 基本控制导线的主要技术指标

井田一翼长度 /km	测角中误差 /(″)	一般边长 /m	导线全长相对闭合差	
			闭(附)合导线	复测支导线
≥5	±7	60~200	1/8 000	1/6 000
<5	±15	40~140	1/6 000	1/4 000

表 2-2 采区控制导线的主要技术指标

采区一翼长度 /km	测角中误差 /(″)	一般边长 /m	导线全长相对闭合差	
			闭(附)合导线	复测支导线
≥1	±15	30~90	1/4 000	1/3 000
<1	±30	—	1/3 000	1/2 000

2.1.1.3 地下导线的延伸

由于地下导线布设在巷道中,受到巷道掘进和开拓方式的限制,导线开始多为从已知点起始的支导线形式,但当已掘巷道增多时,便可形成闭(附)合导线和导线网。

地下导线随巷道掘进逐步敷设(图 2-3),通常先敷设低等级的控制导线,然后敷设高等级的控制导线。当巷道掘进 300~500 m 时,再敷设一组高等级控制导线,用来检查已敷设的低等级控制导线的正确性。当巷道继续向前掘进时,以高等级控制导线所测得的最终边为基础,向前敷设低等级的控制导线或给定巷道中线。低等级控制导线和高等级控制导线交替进行,直到形成闭(附)合导线。

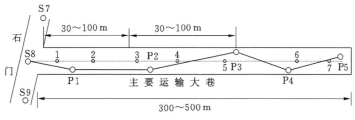

图 2-3 地下导线的延伸

2.1.1.4 地下导线点的设置

地下导线点按使用时间的长短分为永久点和临时点。地下导线点应成组设置,每组不得少于三个点,并且应做明显标志,统一编号,以便于寻找。

地下导线点大多设在巷道的顶板上,这是因为测点在顶板上具有容易寻找、不易被行人或车辆破坏的优点。同时,当用垂球对中时,仪器在点下对中比较方便、精确。只有当顶板岩层松软、破碎,有可能移动或某些特殊情况下,才将测点布设在巷道底板上。

永久导线点通常布设在主要巷道中,如图 2-4 所示。其中,图 2-4(a)为布设在巷道顶板上的测点;图 2-4(b)为布设在巷道底板上的测点。用混凝土浇筑的永久点,应提前一昼夜

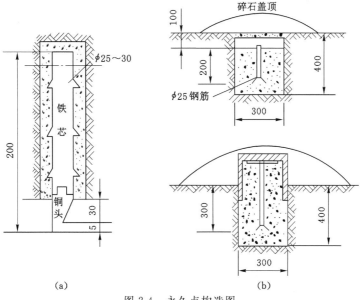

(a) (b)

图 2-4 永久点构造图

埋好。

临时导线点可设在巷道顶板岩石中或稳固的棚梁上。特殊情况下,也可设在巷道底板中,如图 2-5 所示。图 2-5(a)为钉入木棚梁的临时点;图 2-5(b)为在巷道顶板岩石中打入木楔,再在木楔上钉入小钉作为临时点;图 2-5(c)为用混凝土或水玻璃在巷道顶板上设置的临时点。

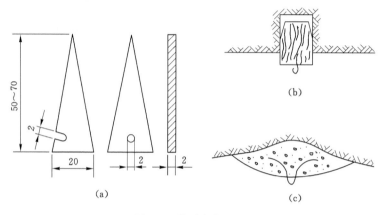

图 2-5　临时点构造图

2.1.2　地下高程控制测量

地下高程控制测量的目的,是在地下隧道内建立各水准点和永久导线点的高程,以确定各种巷道、硐室在竖直方向上的位置及相互关系。

2.1.2.1　地下高程控制测量的基本要求

现以图 2-6 为例,说明地下高程控制测量的类型。设井口附近有一个水准点 A,它的高程已经由地面高程控制测量所确定。为进行地下高程控制测量,首先要在井口附近设置水准基点 B。由 A 到 B 进行地面四等水准测量,以确定 B 点的高程。然后按顺序进行下述测量工作:

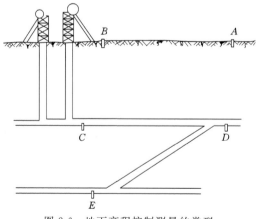

图 2-6　地下高程控制测量的类型

① 确定地面 B 点和井底车场 C 点的高差,以求得 C 点的高程。此项工作称为"通过立井导入高程"。

② 依据 C 点的高程,一般是进行地下水准测量来确定同一水平平巷中水准点(例如 D 点)的高程。

③ 求上平巷水准点 D 和下平巷水准点 E 之间的高差,以确定 E 点的高程。由于 D、E 两点之间是倾斜巷道,进行水准测量极为困难,故采用三角高程测量。当巷道倾角小于 $5°$ 时采用水准测量;倾角在 $5°\sim8°$ 之间可采用水准测量,也可采用三角高程测量;当倾角大于 $8°$ 时则采用三角高程测量。

2.1.2.2 地下高程点的设置

在进行地下高程测量之前,应在井底车场和主要巷道内预先设置好高程点。高程点一般每隔 $300\sim500$ m 设置一组,每组至少由三个高程点组成,两高程点之间的距离以 $30\sim80$ m 为宜。水准点可设在巷道的顶板、底板或两帮上,也可以设在地下固定设备的基础上。设置时应考虑使用方便,选在巷道不易变形的地方,也可用永久导线点作为高程点。设在巷道两帮及设在固定设备基础上的水准点的构造如图 2-7 所示。地下所有高程点都应编号,并将编号明显地标记在点的附近。

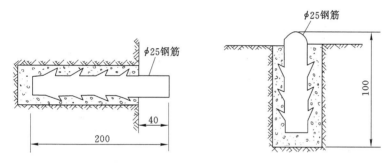

图 2-7 地下水准点的结构

2.2 地下平面控制测量

地下平面控制测量实际上就是地下导线测量。

2.2.1 地下经纬仪导线角度测量

由于地下测量条件与地面不同,所以对所用的经纬仪来说,应具有某些特殊结构以适应地下的需要。这些要求是:

① 地下测点大多设在巷道顶板上,因此仪器要在点下对中,这就要求经纬仪望远镜上刻有仪器中心,即镜上中心。同时,由于井下风大,最好在镜上中心上安装光学对中器,这样既便于点下对中,又提高了对中精度。

② 在倾角很大的急倾斜巷道中测角时,由于望远镜视线有时被水平度盘挡住,因此要求望远镜筒要短并具有目镜棱镜或弯管目镜或物镜棱镜。最好具有偏心望远镜,即在中心望远镜水平轴的一端再安装一个偏心望远镜。

③ 为了适应精度要求不高而工作条件又比较困难的地下次要巷道测量,最好能将经纬仪悬挂在吊架上(固定于支架梁柱上),而不是安装在三脚架上。

此外,地下阴暗潮湿,有瓦斯和尘土,因此,要求仪器应有较好的密封性,同时应有防爆的照明设备。由于井下导线边一般较短,所以最好有供三架法测量的设备。

仪器的养护,除在相关测量课程中讲述的以外,结合井下测量条件补充如下:

① 在地下安置仪器之前,应对两帮和顶板进行检查,如有浮石应敲掉,以免砸坏仪器和保证人身安全。

② 由于地下黑暗,来往人员及车辆较多,因此安置仪器后必须有专人看护。

③ 背仪器行走、坐车和上下罐时,应特别注意不要碰坏仪器。

④ 由于地下潮湿,升井后必须擦净晾干仪器后再装入箱内。

2.2.1.1 安置仪器

为了测量导线点上的角度,首先要将仪器安置在测点上。导线点设在巷道底板时,安置仪器的方法与地面相同。这里着重介绍测点设在顶板上时仪器的安置方法。在点下安置仪器的方法,仍然包括对中和整平两个方面。

先讨论用垂球线对中、整平仪器的方法。首先在测点上挂下垂球线(图 2-8),将三脚架安在下面,调节架腿使架头大致水平和大致对中后,踩固脚架。然后把垂球线缩短或挂在一旁。取出仪器安在三脚架上,调节脚螺旋使竖轴竖直,并使望远镜水平。下放垂球线,移动仪器使垂球尖对准仪器镜上中心。再整平仪器,重新对中。由于整平和对中是相互影响的,因此需要反复进行,直到竖轴竖直同时球尖又精确地对准镜上中心为止。操作中应注意以下两点:① 在对中时应沿前后左右方向移动而不应旋转仪器。因为架头只大致水平,若

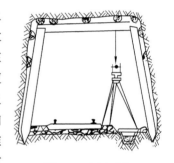

图 2-8　点下对中

转动仪器,则脚螺旋在架头上的位置便被破坏,此时需大动仪器才能整平。② 在点下对中整平时,应特别注意不要让垂球碰坏仪器,特别是望远镜镜片和水准管。因此,在仪器安好后应取下垂球。

通常地下巷道内的风流较大,影响垂球对中的速度和精度。而地下导线边受巷道限制往往又较短,因此对中不精确会使测角误差迅速增大。为此,现场多采用挡风布和挡风筒等工具来提高垂球对中的速度和精度,特别是在比较精密的导线测量中更是如此。

目前使用具有光学对中器的仪器或具有激光对中器的仪器,都只能作点上对中。因此,在地下风流特大而测角精度又要求很高的情况下,只好将测点设在巷道底板上。

为了能在点下进行对中,某些仪器厂研制了一种安装在望远镜上的对中器,可作为一个附件安装在望远镜上。此外,还有所谓自动对中,实际上这种对中方法只不过是利用多个脚架和基座,在每个测站上对中一次,迁站时不再对中而采用强制归心的方法插上仪器和觇标。利用这种对中方法进行的导线测量,一般叫作三架法测量。

2.2.1.2 测量角度

地下测角时,除了在测点安好仪器外,还要在与测点相邻的前后视点上挂垂球线,作为瞄准的标志。由于地下黑暗,必须将矿灯放在垂球线后面照亮垂球线绳。最好在矿灯玻璃盖上放一张透明纸或抹上粉笔灰,这样能在望远镜中得到垂球线的清晰影像。为了减少风

流对垂球线的影响,可采用 1~2 kg 重的大垂球,并将它放在小水桶内或用挡风布挡住。望远镜瞄准时,应尽量瞄准垂球线的上部。瞄准时,应先用望远镜大致瞄准照亮垂球线的灯光后再对光,这样容易在视场内找到垂球线。因为地下巷道中灯光很多,为了避免找错目标,常用"灯语"与前后联系。

地下测量水平角主要采用测回法。为了检查粗差和提高观测精度,常常用两个或两个以上测回测角。当用两个或两个以上测回测角时,应将各测回起始读数均匀分布在度盘的不同位置上。

2.2.2　地下经纬仪导线边长测量

地下经纬仪导线的边长通常是用钢尺直接丈量的。但是,随着科学技术的迅速发展和光学机械电子仪器制造水平的不断提高,已开始应用电磁波等物理测距方法来测量井下导线边长。

2.2.2.1　钢尺量边

（1）钢尺量边的工具

井下用钢尺量边的工具包括钢尺、拉力计和温度计。在井下,钢尺宜用长度为 50 m 和 30 m 的钢尺,并且整尺都有毫米刻划。由于地下巷道内泥泞潮湿,钢尺宜卷在尺架上而不卷在尺盒内,以便于擦洗和上油。拉力计（弹簧秤）是精确量边时给钢尺加一定拉力用的,为了使用和携带方便,最好将它安装在钢尺架的手把内。温度计是量边时测量温度用的,通常采用"半导体点温计"直接测出钢尺的温度。

（2）钢尺丈量边长的方法

井下边长一般采用悬空丈量的方法。具体方法是利用经纬仪瞄准前后视的测点（即用大头针在线绳上标出十字丝的交点）,然后用钢尺丈量仪器镜上中心或横轴右端中心与大头针之间的距离。丈量时,用钢尺末端的整厘米刻划对准经纬仪镜上中心或横轴右端中心,另一端加钢尺检定时的拉力并对准大头针,两端同时读数,零端估读至毫米。每读一次读数后,移动钢尺 2~3 cm。每条边要读三次,同时还要测记温度。为了检验起见,每边必须往返丈量,即在每一测站上量前后视距离。

当丈量的边长大于尺长时,则必须分段丈量,为此需要定线。图 2-9（a）是在倾斜巷道中定线的示意图。首先在 B 点的垂球线上插一根大头针,测水平角的同时测出其倾角。定线时用线绳拴好石块作为中间加点 1、2,使它处在望远镜视线上,并在线绳与视准线交点处插上大头针,然后便可分段丈量 A~1、1~2 和 2~B 的距离。图 2-9（b）是在水平巷道中定线的情况。为了便于在中间加点,不少矿井制作了专门的定线杆,图 2-9（c）便是其中的一种。这种定线杆可直立在巷道顶底板之间或横撑在巷道两帮上定线,使用非常方便。另外,用简易轻便的三脚架定线也很方便。

量边时,不要使钢尺碰到架空电线上,以免发生触电事故。同时,要注意保护钢尺不要被行人踩坏或被车辆轧断。当风流大时,要注意挡风,使垂球线保持稳定以提高丈量精度。用钢尺量得的边长,还要根据具体情况加入尺长、温度、拉力、垂曲、倾斜等改正。

2.2.2.2　光电测距

（1）光电测距仪的基本工作原理

光电测距仪是通过测定光波在两点间传播的时间来计算距离的。如图 2-10 所示,欲测

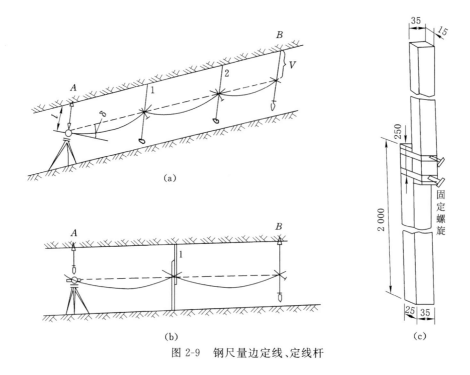

(a)

(b)   (c)

图 2-9　钢尺量边定线、定线杆

定 A、B 两点间的水平距离 D，可将测距仪架设于 A 点，安反光镜于 B 点。仪器发出的电磁波由 A 到达 B，经反光镜反射后又返回到仪器。设电磁波的传播速度 c（约 3×10^8 m/s）为已知，只要测出电磁波在待测距离 D 上往返所需的时间 t，则距离 D 可由下式求出：

$$D = \frac{1}{2}ct \qquad\qquad (2-1)$$

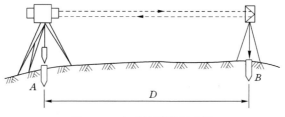

图 2-10　电磁波测距原理图

由式(2-1)得知，测定距离的精度，主要取决于测定时间 t 的精度。例如，要保证 ± 1 cm 的测距精度，时间要求准确到 6.7×10^{-11} s，这在实际中是很难做到的。脉冲式测距仪就是从仪器发出一光脉冲，直接测定脉冲在待测距离 D 上往返传播的时间 t，进而求得距离，所以其测距精度较低，误差约为 ± 0.5 m。高精度的测距仪，采用相位法测距，即通过测定连续调制光波在待测距离上往返传播所产生的相位延迟而间接测定传播时间 t，从而求得待测距离 D，所以其测量精度高。这种测距仪称为相位式测距仪，如国产 DM-30 型和瑞士产 DI5S 型等均属相位式测距仪。这类仪器的测距精度可提高到 1 cm 左右（甚至更高），可满足精密测距的要求，在测量中应用较广泛。

（2）光电测距成果整理

光电测距仪测定的距离,需进行仪器常数改正、气象改正、倾斜改正,才能得到测线的水平距离。

① 仪器常数改正

对测距仪进行检定,可以测得测距仪的乘常数改正值 R 和加常数改正值 K。如图 2-11 所示,L 为 A、B 两点间的实际长度,L' 为仪器实测的距离。由于光线在反射棱镜内部走了一段路程,故反射棱镜的等效反射面位于棱镜后部 B' 处。同样,光线在仪器内走了一段路程,故内光路棱镜的等效反射面应在它的前面 A' 处。因此,仪器的加常数 $K=L-L'$,单位符号为 mm。仪器的加常数改正值 K 与距离无关,并可预置于机内作自动改正。

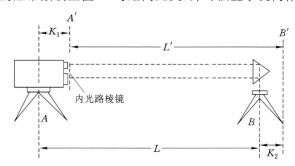

图 2-11　仪器常数改正示意图

仪器乘常数主要是由于测距频率偏移而产生的,乘常数改正值 R 与所测距离成正比。在有些测距仪中可预置乘常数作自动改正,R 的单位符号为 mm/km。对于观测值为 L' 的距离,其常数改正值为:

$$\Delta L_k = K + RL' \tag{2-2}$$

② 气象改正

设计仪器时,其测尺长度是假定大气温度和大气压力为某一数值下计算得到的,而决定测尺长度的光速受气温和气压的影响而变化,其影响较小,只有实际气温、气压与标准状态相差较大或精密测距时才进行气象改正。各测距仪生产厂家均提供气象改正计算公式。

目前,所有的测距仪都可将气象参数预置于机内,在测距时自动进行气象改正。

③ 倾斜改正

测距仪测定的距离如果是斜距,在经过前两项改正后还要改算成平距。若测定了竖直角 α,则平距 D 为:

$$D = L\cos\alpha \tag{2-3}$$

式中,L 为经过常数改正和气象改正后的斜距。

（3）测距仪标称精度

公式（2-4）是测距仪测距误差的计算公式。式中,B 称为比例误差,与距离 S 成正比;A 与距离无关,称为固定误差。

$$M_s = \pm(A + B \times S) \tag{2-4}$$

例如,某测距仪的标称精度为 ± 3 mm$+2$ ppm $\cdot S$（1 ppm$=1$ mm/km）,说明该测距仪的固定误差 $A=3$ mm,比例误差 $B=2$ mm/km,S 的单位符号为 km。

2.2.3 地下经纬仪导线测量外业

地下经纬仪导线测量的外业与地面导线测量基本相同。根据地下情况,除了选点和埋点、测角与量边以及碎部测量外,还要进行导线的延长及其检查测量。

2.2.3.1 选点和埋点

选择导线点埋设的地点时,应全面考虑下列各项要求:

① 前后导线点通视良好,且便于安设仪器,并尽可能使点间的距离大些。

② 为了不影响或少影响运输,应将点设在巷道的一边。

③ 避免设在淋水和不安全的地方。

④ 在巷道的连接处和交叉口处,应当埋设导线点。

选点工作是由 3 人进行,彼此用灯光表示点的位置,当两面相互看见灯光时,则固定中间一点,然后继续前进。因为 3 点中前面一点在选定新点时有可能移动,所以每次只能固定中间的一点。最好将全部测点一次选好,再测角量边,这样会使测点布置更为合理。如果测量次要导线,也可边选边测。

永久导线点每隔 300~800 m 应设一组,每组至少由 3 个相邻点组成(有的矿井每组设 4 个)。有的矿井基本控制导线边很长,全部导线点均埋设永久点。永久点至少应于观测前一昼夜埋好,并应绘制永久点位置的详细草图,注明能确定永久点在巷道中位置的有关尺寸及设点日期,附在永久导线点坐标的成果表中或装订成专册。

所有导线点应进行统一编号,并应在设点处将编号用专制的牌子或油漆标示在巷道帮上,以便于寻找。各矿井可根据具体条件和习惯进行测点编号。例如,某矿采用下述方法编号:大巷中用第一个罗马数字表示水平,第二个英文字母表示南北翼,第三个阿拉伯数字表示点号,如"ⅢS1"为第三水平南翼大巷第 1 号点;在石门中的点,则在水平与翼间增加数字,如"Ⅲ2N3"表示第三水平北翼第二石门中的第 3 号点;在中央石门内则以 0 表示且无翼号,如Ⅲ01、Ⅲ02 等。

2.2.3.2 测角和量边

地下测角和量边的方法已在前面介绍了,这里主要讨论测角和用钢尺量边时的劳动组织与精度要求。

地下测角一般需要 4 人:1 人观测,1 人记录,前后视照明各 1 人。测角完毕并合乎要求后才能进行量边或搬动仪器。量边需要 5 人:2 人拉尺,2 人读数,1 人记录并测定温度。测角和量边可同时进行,也可不同时进行。但分别进行时不可相隔太久,以免测点移动而发生错误。

当测角量边同时进行时,由 5 人组成测量小组,在下井测量前明确分工,做好充分准备,一到工作地点便各司其事,迅速开展工作。工作时,记录者帮助观测者安置仪器,后测手在后视点挂垂球线并照明,尺手帮前测手找点和挂垂球线。尺手回到仪器旁,等到测角完毕并合乎要求后,便将钢尺一端交给观测者,自另一端走向前视点与前测手共同量边。与此同时,由记录者通知后测手到仪器旁与观测者共同量边。量完边并合格后才能迁站,一般一个测站需 10 min 左右。上面介绍的是只量前视边的情况。

地下经纬仪导线测量角度,一般可用 J₂、J₆ 级光学经纬仪或 DT-5 防爆型电子经纬仪测量。

在倾角小于 30°的井巷中测水平角时,《煤矿测量规程》规定的各项限差列于表 2-3 中。在倾角大于 30°的井巷中,各项限差可为表中的 1.5 倍。

表 2-3　地下水平角的各项限差

仪器级别	同一测回中半测回互差	检验角与最终角之差	两测回间互差	两次对中测回(复测)间互差
DJ_2	20″	—	12″	30″
DJ_6	40″	40″	30″	60″

当边长很短时,由于仪器和觇标对中不精确所引起的测角误差很大。为了保证各级导线的测角精度,《煤矿测量规程》作了如表 2-4 所列的规定。

表 2-4　地下经纬仪导线水平角观测仪器和作业要求

导线类别	使用仪器	观测方法	按导线边长分(水平边长)					
			15 m 以下		15～30 m		30 m 以上	
			对中次数	测回数	对中次数	测回数	对中次数	测回数
7″导线	DJ_2	测回法	3	3	2	2	1	2
15″导线	DJ_6	测回法或复测法	2	2	1	2	1	2
30″导线	DJ_6	测回法或复测法	1	1	1	1	1	1

注:1. 如不用表 2-4 所列的仪器,可根据仪器级别和测角精度要求适当增减测回数;

　　2. 由一个测回转到下一个测回观测前,应将度盘位置变换 $180°/n$(n 为测回数);

　　3. 多次对中时,每次对中测一个测回。若用固定在基座上的光学对中器进行点上对中,每次对中应将基座旋转 $360°/n$。

在倾角大于 15°或视线一边为水平而另一边的倾角大于 15°或以上的主要巷道中,水平角应采用测回法观测。在观测过程中,水准气泡偏离量不得超过一格,否则应整平后重测。如果测角精度要求很高时,最好观测水准气泡偏离格值,对所观测方向加入竖轴倾斜改正。

地下倾角均采用测回法测量,一般用一个测回;对某些重要测量,应采用两个测回。倾角观测是与水平角观测同时进行的。在需要观测倾角的测站上,望远镜应瞄准在前后视点垂球线上的标志(大头针),当读完水平方向的读数后,将竖盘水准器的气泡精确居中并读取读数。同一方向各测回间垂直角互差,对 J_2 级经纬仪不应大于 15″,对 J_6 级仪器不应大于 25″。各测回间的指标差互差与垂直角互差相同。

量边采用悬空丈量方法。《煤矿测量规程》中有以下规定:丈量基本控制导线边长时,必须用经过比长的钢尺丈量,并加比长时的拉力,测记温度。分段丈量时的最小尺段长度不得小于 10 m,定线偏差应小于 5 cm。每尺段应以不同起点读数三次,读至毫米,长度互差应小于 3 mm。必须往返丈量,丈量结果加入各项改正数后的水平边长互差不得大于边长的 1/6 000。在边长小于 15 m 或在 15°以上的倾斜巷道中丈量边长时,往返边长的容许差可适当放宽,但不得大于边长的 1/4 000。

丈量低等级的控制导线边长时,可凭经验施拉力,不测温度,往返丈量或错动钢尺位置 1 m 以上丈量两次,其互差均不得大于边长的 1/2 000。

2.2.3.3　碎部测量

碎部测量的目的是获得填图资料。为此,地下导线测量时,在测角量边之后,还应进行碎部测量。除了丈量仪器中心至巷道顶板和两帮的距离(简称量上、量下、量左、量右)外,还应测量巷道或硐室的轮廓。即在丈量导线边后,将钢尺拉紧,然后用短皮尺丈量巷道两帮特征点到钢尺的垂直距离 b 和垂足到仪器的距离 a,并绘草图,如图 2-12 所示。这种方法叫"支距法"。当测大的硐室时,则可采用极坐标法。

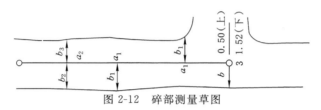

图 2-12　碎部测量草图

2.2.3.4　导线的延长及其检查

地下导线都是随巷道掘进分段测设的,也就是逐段向前延长。为了检查在导线延长时所依据的已知点的可靠性,在接测前应对上次所测设的最后一个水平角及其边长进行检查测量。这次观测和上次观测的该水平角值之差 Δd 不应超过下式所算得的值:

$$\Delta d = 2\sqrt{2}\, m_\beta \tag{2-5}$$

式中, m_β 为测角中误差。

重新丈量最后一个边长,两次量得的差值,不得超过前述各级导线边长往返丈量互差的规定。如不符合上述要求,则应退后一个水平角及其边长继续检查,直到满足要求方可用它作为延长导线的起算依据,继续向前延测导线。

2.2.4　地下经纬仪导线测量内业

内业计算的目的,是求出导线各边的方位角及各点平面坐标,并展点绘图。和地形测量一样,内业计算一般是按以下顺序进行的。

2.2.4.1　检查整理记录

在地下测角量边过程中,都应按相关要求进行检核,如不符合,必须重测,直到满足要求为止。在室内计算开始之前,要重新检查记录,如检验角与最终角之差是否符合要求,往返丈量的边长值是否达到了精度,是否有记错、算错等问题。手簿经检查无误后,方可进行下一步计算。

2.2.4.2　计算边长和边长改正

检查边长记录,计算各边的平均长度,并转抄到边长计算表中。抄录后要进行核对,以免抄错。井下基本控制导线应加入尺长、温度、垂曲等改正后化算成水平边长;如有必要,还应加入化归海平面和投影面的改正。采区控制导线则只需把量得的倾斜距离化算成平距即可。有关上述各种改正的计算公式及方法已在前面介绍了,这种计算应在专门的表格中进行,表格的式样可自行设计制作。

2.2.4.3　角度闭合差的计算及其分配

角度闭合差的计算及分配,其公式均与地面测量有关公式相同,现结合井下常见类型将其公式分列于下。

(1) 闭合导线角度闭合差

设闭合导线实测角之和为 $\sum\limits_1^n \beta_内$ 或 $\sum\limits_1^n \beta_外$,角数为 n,改正数为 $v_{\beta i}$,则:

$$\left. \begin{array}{l} f_\beta = \sum\limits_1^n \beta_内 - 180° \times (n-2) \\[2mm] f_\beta = \sum\limits_1^n \beta_外 - 180° \times (n+2) \\[2mm] v_{\beta i} = -\dfrac{f_\beta}{n} \end{array} \right\} \tag{2-6}$$

或

(2) 附合导线角度闭合差

设附合导线起始、最末坚强边的方位角为 α_0、α_n,实测角为 $\beta_左$ 和 $\beta_右$,观测角的个数为 n,则:

$$\left. \begin{array}{l} f_\beta = \alpha_0 + \sum\limits_1^n \beta_左 - n \times 180° - \alpha_n \\[2mm] f_\beta = \alpha_n - \sum\limits_1^n \beta_右 + n \times 180° - \alpha_0 \\[2mm] v_{\beta i} = -\dfrac{f_\beta}{n} \end{array} \right\} \tag{2-7}$$

或

(3) 复测支导线角度闭合差

复测支导线按最末公共边第 Ⅰ、第 Ⅱ 两次所测得的方位角 α_n^{I} 和 α_n^{II} 之差来计算角度闭合差,即:

$$f_\beta = \alpha_n^{\mathrm{I}} - \alpha_n^{\mathrm{II}} \tag{2-8}$$

f_β 的分配可参照结点平差法,一般按近似法调整即可。

(4) 空间交叉闭合导线角度闭合差

如图 2-13 所示的空间交叉闭合导线,其角度总和应为内角图形与外角图形的角度总和,即:

$$\sum_理 \beta = 180°[(n_1 - 2) + (n_2 - 2) + \cdots + (n_P - 2)] +$$
$$180°[(n'_1 + 2) + (n'_2 + 2) + \cdots + (n'_K + 2)]$$
$$= 180°[(n_1 + n_2 + \cdots + n_P) + (n'_1 + n'_2 + \cdots + n'_K) - 2(P - K)]$$

式中,P 为内角图形数;K 为外角图形数;$n_1, n_2, \cdots, n_P$ 为每个内角图形的角数;$n'_1, n'_2, \cdots, n'_K$ 为每个外角图形的角数。

这些图形的角数中包括无法测量的交叉点上的角度在内,但交叉点上的角度对相邻图形来说总是有 $\alpha + \beta = 360°$。从上式中减去这些角值,即减去 $360° \times (P + K - 1)$,则:

$$\sum_理 \beta = 180°[(n_1 + n_2 + \cdots + n_P) + (n'_1 + n'_2 + \cdots + n'_K) - 2(P - K)] -$$
$$360°(P + K - 1)$$

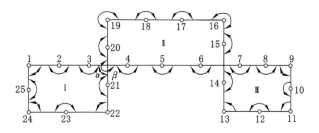

图 2-13　地下交叉闭合导线

由图形看出,已测量的角度总数 n 为:

$$n = (n_1 + n_2 + \cdots + n_P) + (n'_1 + n'_2 + \cdots + n'_K) - 2(P + K - 1)$$

经整理得:

$$\sum_{\text{理}} \beta = 180°[n - 2(P - K)]$$

上式是实测角度总和的理论值,而角度闭合差为:

$$\left.\begin{array}{l} f_\beta = \sum_{\text{测}} \beta - \sum_{\text{理}} \beta \\[2mm] v_{\beta i} = -\dfrac{f_\beta}{n} \end{array}\right\}$$

$(2-9)$

（5）方向附合导线角度闭合差

当用陀螺经纬仪测定了导线始、末两边的方位角时,该导线称为方向附合导线。如图 2-14 所示,它与一般附合导线的区别在于其终点 K 及 D 的坐标不是已知坐标值。

图 2-14　方向附合导线

显然,它的角度闭合差 f_β 的计算方法与上述附合导线是相同的。但是,方向附合导线的角度闭合差的容许值 $f_{\beta 容}$,除了考虑测角误差 m_β 的影响之外,还应考虑陀螺定向边的坐标方位角误差 $m_{\alpha 0}$ 的影响,因此:

$$f_{\beta 容} \leqslant \pm 2\sqrt{2m_{\alpha 0}^2 + nm_\beta^2}$$

式中　　$m_{\alpha 0}$——起始边和最末边陀螺定向中误差;

m_β——测角中误差。

当实际的角度闭合差 $f_{\beta 实}$ 小于按式 $f_{\beta 容} \leqslant \pm 2\sqrt{2m_{\alpha 0}^2 + nm_\beta^2}$ 所算得的 $f_{\beta 容}$ 时,则可进行平差。平差方法如下:

① 按照下面的判别式对陀螺定向边进行判断

$$\frac{\sqrt{2}\, m_{\alpha 0}}{\sqrt{n}\, m_\beta} \leqslant \frac{1}{3}$$

② 陀螺定向边为坚强方向时的平差方法

当式 $\dfrac{\sqrt{2}\,m_{a0}}{\sqrt{n}\,m_{\beta}}\leqslant\dfrac{1}{3}$ 成立时,则说明两端定向边的坐标方位角误差在总误差中所占比重很小,角度闭合差 f_{β} 主要是由于测角中误差 m_{β} 所引起的,这时,可将两端的陀螺定向边视为坚强方向不参加平差,而将角度闭合差 f_{β} 反号平均分配给各个角,各角的改正数为 $v_{\beta i}=-\dfrac{f_{\beta}}{n}$。

③ 陀螺定向边为非坚强方向时的平差方法

当式 $\dfrac{\sqrt{2}\,m_{a0}}{\sqrt{n}\,m_{\beta}}\leqslant\dfrac{1}{3}$ 不成立时,说明陀螺定向边的误差所占比重较大而不能视为坚强方向,即两端定向边的坐标方位角 $\alpha_{始}$ 和 $\alpha_{末}$ 也应参与平差。平差方法是,先计算两定向边方位角误差相当于测角误差的个数,即:

$$n_{a0}=\frac{2m_{a0}^{2}}{m_{\beta}^{2}}$$

若整个导线等精度观测的总站数 $N=n+n_{a0}$,则每个角度改正数为:

$$v_{\beta i}=-\frac{f_{\beta}}{N}$$

定向边方位角的改正数为:

$$v_{a0}=\frac{1}{2}v_{\beta i}\times\frac{2m_{a0}^{2}}{m_{\beta}^{2}}=\frac{m_{a0}^{2}}{m_{\beta}^{2}}v_{\beta i} \tag{2-10}$$

根据误差分析可知,测角时不可避免地存在着误差,于是产生了角度闭合差。因此,闭合差的大小能说明测角质量(精度)的高低。根据不同的导线级别,在《煤矿测量规程》中规定了 f_{β} 的容许值,如表 2-5 所示。这个容许值是根据测角误差的积累规律,取 2 倍中误差作为容许误差来确定的。

表 2-5　地下经纬仪导线测量精度

导线类型	最大闭合差		
	闭合导线	复测支导线	附合导线
7″级	$\pm14''\sqrt{n}$	$\pm14''\sqrt{n_1+n_2}$	
15″级	$\pm30''\sqrt{n}$	$\pm30''\sqrt{n_1+n_2}$	$\pm2\sqrt{m_{a1}^{2}+m_{a2}^{2}+nm_{\beta}^{2}}$
30″级	$\pm60''\sqrt{n}$	$\pm60''\sqrt{n_1+n_2}$	

注:n 为闭(附)合导线的总站数;n_1、n_2 分别为复测支导线第一次和第二次测量总站数;m_{a1}、m_{a2} 分别为附合导线起始边和附合边的坐标方位角中误差;m_{β} 为导线测角中误差。

2.2.4.4　计算各导线边的方位角

根据已知边的方位角及改正后的水平角推算各边方位角。

$$\left.\begin{array}{l}\alpha_i=\alpha_{i-1}+\overline{\beta_{i左}}\pm180°\\[4pt]\alpha_i=\alpha_{i-1}-\overline{\beta_{i右}}\pm180°\end{array}\right\} \tag{2-11}$$

式中　α_i,α_{i-1}——第 i 边(待求边)与第 $i-1$ 边(已知边)的坐标方位角;

　　　$\overline{\beta_i}$——改正后的角值。

2.2.4.5 计算坐标增量和坐标增量闭合差

（1）坐标增量计算

为了计算闭合差，必须先计算各条导线边的坐标增量：

$$\left.\begin{array}{l} \Delta x_i = l_i \times \cos \alpha_i \\ \Delta y_i = l_i \times \sin \alpha_i \end{array}\right\} \tag{2-12}$$

式中 l_i——各边水平边长；

α_i——各边坐标方位角。

（2）计算坐标增量闭合差

闭合导线：

$$\left.\begin{array}{l} f_x = \sum \Delta x \\ f_y = \sum \Delta y \end{array}\right\} \tag{2-13}$$

附合导线：

$$\left.\begin{array}{l} f_x = \sum \Delta x - (x_n - x_1) \\ f_y = y - (y_n - y_1) \end{array}\right\} \tag{2-14}$$

复测支导线：

$$\left.\begin{array}{l} f_x = \sum \Delta x^{\mathrm{I}} - \sum \Delta x^{\mathrm{II}} \\ f_y = \sum \Delta y^{\mathrm{I}} - \sum \Delta y^{\mathrm{II}} \end{array}\right\} \tag{2-15}$$

（3）计算导线的相对闭合差

$$K = \frac{f}{\sum l} = \frac{\sqrt{f_x^2 + f_y^2}}{\sum l} \tag{2-16}$$

式中 f——导线的线闭合差，即导线的点位误差；

$\sum l$——导线的总长度，复测支导线为两次测量的边长总和。

当导线的相对闭合差符合规定的精度时，则可用下述两种方法之一进行简易平差。

① 按边长分配闭合差

将 f_x、f_y 按照边长 l_i 成比例分配给各条导线边的坐标增量上，各边的坐标增量改正数为：

$$\left.\begin{array}{l} v_{\Delta xi} = -\dfrac{f_x}{[l]} \cdot l_i \\ v_{\Delta yi} = -\dfrac{f_y}{[l]} \cdot l_i \end{array}\right\} \tag{2-17}$$

② 按坐标增量的绝对值分配闭合差

将 f_x、f_y 按各条导线边的坐标增量的绝对值成比例分配到各条导线边的坐标增量上，各边的坐标增量改正数为：

$$\left.\begin{array}{l} v_{\Delta xi} = -\dfrac{f_x}{[\,|\,\Delta x_i\,|\,]} \cdot |\,\Delta x\,| \\ v_{\Delta yi} = -\dfrac{f_x}{[\,|\,\Delta y_i\,|\,]} \cdot |\,\Delta y\,| \end{array}\right\} \tag{2-18}$$

式中　　$|\Delta x_i|$，$|\Delta y_i|$——第 i 条导线边的坐标增量 Δx_i 及 Δy_i 的绝对值；

　　　　$[|\Delta x_i|]$，$[|\Delta y_i|]$——整个导线各条边的坐标增量 Δx_i 及 Δy_i 的绝对值的总
　　　　　　　　　　　　　　　　　　和。

加入上面的坐标增量改正之后的坐标增量总和 $\sum \Delta \overline{x_i}$ 和 $\sum \Delta \overline{y_i}$，对于闭合导线应等于零；对于附合导线应等于始、末两已知坚强点的坐标差；对于复测支导线,两次应相等。

2.2.4.6　计算各导线点的坐标

根据起算点坐标和各改正后的坐标增量,可按下式计算各点坐标：

$$
\left.\begin{array}{l}
x_i = x_{i-1} + \Delta x_{i-1} \\
y_i = y_{i-1} + \Delta y_{i-1}
\end{array}\right\} \tag{2-19}
$$

上述导线内业计算步骤,可以利用专门的经纬仪导线成果计算表来完成,表 2-6 所列为一个闭合导线的成果计算表。

从上面的讨论可以看出,整个导线计算除有角度闭合差和坐标增量相对闭合差两项大的检核外,每一步计算的正确性都有检核。但是即便如此,仍有可能发生错误,例如用错了起算数据或抄错了原始资料等。因此,在实际工作中,上述全部计算工作均应由两人分别独立进行,最后相互对照校核,以杜绝错误。

最后还应指出,导线的这种计算方法是一种近似(简易)平差,因为它先分配角度闭合差,然后用改正后的角度计算坐标增量闭合差,并将 f_x 和 f_y 分别平差,因而不是将角度条件和纵、横坐标条件联合进行的严密平差。由于井下导线一般先分段布设为支导线,且精度要求不很高,同时导线不是一次全面布网而是随巷道掘进而逐步延长,因而这种简易平差方法还是适用的。随着电子计算机的普及应用,当井下导线精度要求较高而又确有必要采取严密平差方法时,可采用计算机进行严密平差。

2.3　经纬仪支导线的误差

2.3.1　支导线终点的位置误差

2.3.1.1　由测角量边误差所引起的支导线终点的位置误差

在前面导线测量及测角量边的误差分析中可以看出,由于测角和量边误差的积累,必然会使导线点的位置产生误差,下面就对这一问题进行分析讨论。

在图 2-15 所示的任意形状的支导线中,其终点 K 的坐标为：

$$
\left.\begin{array}{l}
x_K = x_1 + l_1 \cos \alpha_1 + l_2 \cos \alpha_2 + \cdots + l_n \cos \alpha_n \\
y_K = y_1 + l_1 \sin \alpha_1 + l_2 \sin \alpha_2 + \cdots + l_n \sin \alpha_n
\end{array}\right\} \tag{2-20}
$$

而导线任一边 l_j 的坐标方位角 α_j 是所测角度 β_i 的函数,即：

$$
\alpha_j = \alpha_0 + \sum_{i=1}^{j} \beta_i \pm j \times 180° \tag{2-21}
$$

式中　　$\beta_1, \beta_2, \cdots, \beta_n$——所测导线各左角；

　　　　$l_1, l_2, \cdots, l_n$——所测导线各边水平边长；

　　　　$\alpha_1, \alpha_2, \cdots, \alpha_n$——导线各边的坐标方位角；

　　　　α_0——起始坚强边(B)的坐标方位角；

表 2-6 地下闭合导线成果计算表

仪器站	测点	水平边长 l/m	水平角 (°)	(′)	(″)	改正(″)	方位角 象限角 R	cos α	sin α	±Δx	±Δy	±x	±y	站点号
1	8						289°05′04″					−372.868	−3069.726	1
1	8 / 2	59.044	30	19	18	+2	319°24′24″ / N40°35′36″W	0.759347	0.650686	+44.835 (−5)	−38.419 (−2)	−328.038	−3108.147	2
2	1 / 3	20.830	179	52	45	+3	319°17′12″ / N40°42′48″W	0.75982	0.652275	+15.789 (−2)	−13.587 (−1)	−312.251	−3121.735	3
3	2 / 4	36.324	26	15	36	+2	165°02′50″ / S14°27′10″E	0.968354	0.249582	−35.174 (+3)	+9.066 (−1)	−347.428	−3112.670	4
4	3 / 5	24.226	198	48		+2	183°39′40″ / S3°39′51″	0.997959	0.063855	−24.177 (−2)	−1.547 (−1)	−371.607	−3114.218	5
5	4 / 6	17.782	177	6	9	+3	180°54′40″ / S0°54′51″W	0.999873	0.015955	−17.780 (−1)	−0.284 (0)	−389.388	−3114.502	6
6	5 / 7	17.851	10	53	12	+3	11°48′06″ / N11°48′61″E	0.978861	0.204525	+17.474 (−1)	+3.651 (−1)	371.915	−3110.852	7
7	6 / 8	19.212	236	29	42	+3	68°17′51″ / N68°17′51″E	0.369787	0.929116	+7.104 (−1)	+17.85 (−1)	−364.812	−3093.003	8
8	7 / 1	24.632	220	47	10	+3	109°05′04″ / S70°54′56″E	0.326961	0.945038	−8.054 (−2)	+23.278 (−1)	−372.868	−3069.726	1
Σ		219.901	1079	59	40					+85.202 / −85.185	+53.845 / −53.837			

$f_\beta = \pm 30'' \sqrt{8} = 84''$

$\sum \beta_{测}$

$f_x = +0.017 \qquad f_y = +0.008$

备注及草图

测量薄：角度及边长抄自经纬仪导线

$$v_{\beta i} = -\frac{f_\beta}{n}$$

$$f = \pm\sqrt{f_x^2 + f_y^2}$$
$$= \pm\sqrt{(0.017)^2 + (0.008)^2} = \pm 0.019$$
$$= \pm\sqrt{0.000353} = \pm 0.019$$
$$\frac{f}{[l]} = \frac{0.019}{219.901} = \frac{1}{11574}$$

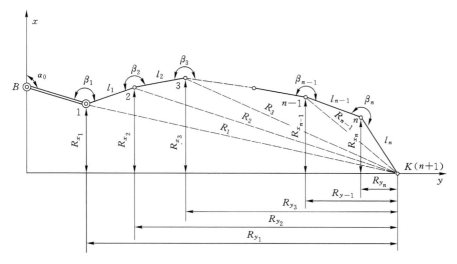

图 2-15　支导线终点位置误差

x_1, y_1——起始坚强点 1 的平面坐标。

还引用了下列符号以便对照：

$m_{\beta_1}, m_{\beta_2}, \cdots, m_{\beta_n}$ ——导线各角的测角中误差；

$m_{l_1}, m_{l_2}, \cdots, m_{l_n}$ ——导线各边的量边中误差。

导线终点 K 的坐标是所有角度及边长的函数。根据偶然误差传播律，可得终点 K 的坐标误差：

$$M_{xK}^2 = \left(\frac{\partial x_K}{\partial \beta_1}\right)^2 \frac{m_{\beta_1}^2}{\rho^2} + \left(\frac{\partial x_K}{\partial \beta_2}\right)^2 \frac{m_{\beta_2}^2}{\rho^2} + \cdots + \left(\frac{\partial x_K}{\partial \beta_n}\right)^2 \frac{m_{\beta_n}^2}{\rho^2} +$$

$$\left(\frac{\partial x_K}{\partial l_1}\right)^2 m_{l_1}^2 + \left(\frac{\partial x_K}{\partial l_2}\right)^2 m_{l_2}^2 + \cdots + \left(\frac{\partial x_K}{\partial l_n}\right)^2 m_{l_n}^2$$

$$M_{yK}^2 = \left(\frac{\partial y_K}{\partial \beta_1}\right)^2 \frac{m_{\beta_1}^2}{\rho^2} + \left(\frac{\partial y_K}{\partial \beta_2}\right)^2 \frac{m_{\beta_2}^2}{\rho^2} + \cdots + \left(\frac{\partial y_K}{\partial \beta_n}\right)^2 \frac{m_{\beta_n}^2}{\rho^2} +$$

$$\left(\frac{\partial y_K}{\partial l_1}\right)^2 m_{l_1}^2 + \left(\frac{\partial y_K}{\partial l_2}\right)^2 m_{l_2}^2 + \cdots + \left(\frac{\partial y_K}{\partial l_n}\right)^2 m_{l_n}^2$$

将上面两式简写为：

$$\left.\begin{aligned}M_{xK}^2 &= \frac{1}{\rho^2} \sum_{i=1}^{n} \left(\frac{\partial x_K}{\partial \beta_i}\right)^2 m_{\beta_i}^2 + \sum_{i=1}^{n} \left(\frac{\partial x_K}{\partial l_i}\right)^2 m_{l_i}^2 \\ M_{yK}^2 &= \frac{1}{\rho^2} \sum_{i=1}^{n} \left(\frac{\partial y_K}{\partial \beta_i}\right)^2 m_{\beta_i}^2 + \sum_{i=1}^{n} \left(\frac{\partial y_K}{\partial l_i}\right)^2 m_{l_i}^2\end{aligned}\right\} \tag{2-22}$$

不难看出，上面两式中等号右边第一项为测角误差 m_β 所引起的导线终点 K 的坐标误差，第二项为量边误差所引起的终点 K 的坐标误差。故令：

$$\left.\begin{aligned}M_{x\beta}^2 &= \frac{1}{\rho^2} \sum_{i=1}^{n} \left(\frac{\partial x_K}{\partial \beta_i}\right)^2 m_{\beta_i}^2 \\ M_{xl}^2 &= \sum_{i=1}^{n} \left(\frac{\partial x_K}{\partial l_i}\right)^2 m_{l_i}^2\end{aligned}\right\} \tag{2-23}$$

$$
及 \qquad \left.\begin{aligned}
M_{y\beta}^2 &= \frac{1}{\rho^2} \sum_{i=1}^{n} \left(\frac{\partial y_K}{\partial \beta_i}\right)^2 m_{\beta_i}^2 \\
M_{yl}^2 &= \sum_{i=1}^{n} \left(\frac{\partial y_K}{\partial l_i}\right)^2 m_{l_i}^2
\end{aligned}\right\} \tag{2-24}
$$

则式(2-22)可进一步简写为：

$$
\left.\begin{aligned}
M_{xK}^2 &= M_{x\beta}^2 + M_{xl}^2 \\
M_{yK}^2 &= M_{y\beta}^2 + M_{yl}^2
\end{aligned}\right\} \tag{2-25}
$$

下面分别求出由测角误差和量边误差所引起的导线终点的坐标误差。

(1) 由测角误差所引起的导线终点的坐标误差

由以上各式可以看出，在由测角误差所引起的导线终点的坐标误差估算公式中，$\rho = 206265''$ 是已知常数，而 m_β 为测角中误差，只有偏导数项待求。为此，对式(2-20)的第一式取偏导数，有：

$$
\left.\begin{aligned}
\frac{\partial x_K}{\partial \beta_1} &= -\left(l_1 \sin \alpha_1 \frac{\partial \alpha_1}{\partial \beta_1} + l_1 \sin \alpha_2 \frac{\partial \alpha_2}{\partial \beta_1} + \cdots + l_1 \sin \alpha_n \frac{\partial \alpha_n}{\partial \beta_1}\right) \\
\frac{\partial x_K}{\partial \beta_2} &= -\left(l_1 \sin \alpha_1 \frac{\partial \alpha_1}{\partial \beta_2} + l_1 \sin \alpha_2 \frac{\partial \alpha_2}{\partial \beta_2} + \cdots + l_1 \sin \alpha_n \frac{\partial \alpha_n}{\partial \beta_2}\right) \\
&\qquad\qquad \cdots\cdots \\
\frac{\partial x_K}{\partial \beta_n} &= -\left(l_1 \sin \alpha_1 \frac{\partial \alpha_1}{\partial \beta_n} + l_1 \sin \alpha_2 \frac{\partial \alpha_2}{\partial \beta_n} + \cdots + l_1 \sin \alpha_n \frac{\partial \alpha_n}{\partial \beta_n}\right)
\end{aligned}\right\} \tag{2-26}
$$

由式(2-21)知：

$$
\left.\begin{aligned}
\alpha_1 &= \alpha_0 + \beta_1 \pm 180° \\
\alpha_1 &= \alpha_0 + \beta_1 + \beta_2 \pm 2 \times 180° \\
&\qquad \cdots\cdots \\
\alpha_1 &= \alpha_0 + \beta_1 + \beta_2 + \cdots + \beta_n \pm n180°
\end{aligned}\right\}
$$

故得：

$$
\frac{\partial \alpha_1}{\partial \beta_1} = \frac{\partial \alpha_2}{\partial \beta_1} = \cdots = \frac{\partial \alpha_n}{\partial \beta_1} = 1
$$

$$
\frac{\partial \alpha_1}{\partial \beta_2} = 0, \frac{\partial \alpha_2}{\partial \beta_2} = \frac{\partial \alpha_3}{\partial \beta_2} = \cdots = \frac{\partial \alpha_n}{\partial \beta_2} = 1
$$

$$
\frac{\partial \alpha_1}{\partial \beta_3} = \frac{\partial \alpha_2}{\partial \beta_3} = 0, \frac{\partial \alpha_3}{\partial \beta_3} = \frac{\partial \alpha_4}{\partial \beta_3} = \cdots = \frac{\partial \alpha_n}{\partial \beta_3} = 1
$$

$$
\cdots\cdots
$$

$$
\frac{\partial \alpha_1}{\partial \beta_n} = \frac{\partial \alpha_2}{\partial \beta_n} = \cdots = \frac{\partial \alpha_{n-1}}{\partial \beta_n} = 0, \frac{\partial \alpha_n}{\partial \beta_n} = 1
$$

将上式各值代入式(2-26)中，得：

$$\frac{\partial x_k}{\partial \beta_1} = -(l_1 \sin \alpha_1 + l_2 \sin \alpha_2 + \cdots + l_n \sin \alpha_n)$$

$$\frac{\partial x_k}{\partial \beta_2} = -(l_2 \sin \alpha_2 + l_3 \sin \alpha_3 + \cdots + l_n \sin \alpha_n)$$

$$\cdots\cdots$$

$$\frac{\partial x_k}{\partial \beta_n} = -l_n \sin \alpha_n$$

亦即

$$\left.\begin{aligned}
\frac{\partial x_k}{\partial \beta_1} &= -(\Delta y_1 + \Delta y_2 + \cdots + \Delta y_n) \\
\frac{\partial x_k}{\partial \beta_2} &= -(\Delta y_2 + \Delta y_3 + \cdots + \Delta y_n) \\
&\cdots\cdots \\
\frac{\partial x_k}{\partial \beta_n} &= -\Delta y_n = -(y_K - y_n)
\end{aligned}\right\} \tag{2-27}$$

由上式可以看出,导线终点的 x 坐标对所测角度的偏导数值,等于导线终点 K 与所测角度顶点的 y 坐标,也就是终点 K 与所测角度顶点的连线 R 在 y 坐标轴上的投影长 R_y,即:

$$\left.\begin{aligned}
\frac{\partial x_k}{\partial \beta_1} &= -R_1 \sin \gamma_1 = -R_{y1} \\
\frac{\partial x_k}{\partial \beta_2} &= -R_2 \sin \gamma_2 = -R_{y2} \\
&\cdots\cdots \\
\frac{\partial x_k}{\partial \beta_n} &= -R_n \sin \gamma_n = -R_{yn}
\end{aligned}\right\} \tag{2-28}$$

式中　R_i ——导线各点 i 与终点 K 的连线长度;

γ_i ——导线各点 i 与终点 K 的连线 R_i 的坐标方位角。

将式(2-28)代入式(2-23)中的第一式得:

$$M_{x\beta}^2 = \frac{1}{\rho^2} \sum_{i=1}^{n} R_{yi}^2 m_{\beta i}^2 \tag{2-29}$$

同理得:

$$M_{y\beta}^2 = \frac{1}{\rho^2} \sum_{i=1}^{n} R_{xi}^2 m_{\beta i}^2 \tag{2-30}$$

式中,R_{xi} 为导线终点 K 与各导线点 i 的连线在 x 坐标轴上的投影长。

（2）由量边误差所引起的导线终点的坐标误差

同样,求偏导数数值的问题,也就是式(2-20)对导线各边边长 l_i 求偏导的问题。因为:

$$\frac{\partial x_k}{\partial l_1} = \cos \alpha_1, \frac{\partial x_k}{\partial l_2} = \cos \alpha_2, \cdots, \frac{\partial x_k}{\partial l_n} = \cos \alpha_n$$

式(2-23)中的第二式为:

$$M_{xl}^2 = \sum_{i=1}^{n} \cos^2 \alpha_i m_{l_i}^2 \\ M_{yl}^2 = \sum_{i=1}^{n} \sin^2 \alpha_i m_{l_i}^2 \Bigg\} \tag{2-31}$$

对于光电测距导线来说,上式中的 m_{l_i} 可用式 $M_D = \pm(A + BD)$ 来估算;而对于钢尺量距导线而言,由于钢尺量边常有系统误差存在,因此需要进一步分析量边偶然误差与系统误差对于终点 K 的坐标的影响。

① 量边偶然误差的影响

由式 $M_L = \pm \sqrt{m_{L偶}^2 + m_{L系}^2} = \pm \sqrt{a^2 L + b^2 L^2}$ 得量边总中误差为:

$$m_{l_i}^2 = a^2 l_i + b^2 l_i^2$$

当无明显的系统误差时,即 $b = 0$,则:

$$m_{l_i}^2 = a^2 l_i$$

故式(2-31)为:

$$M_{xl}^2 = a^2 \sum_{i=1}^{n} l_i \cos^2 \alpha_i \\ M_{yl}^2 = a^2 \sum_{i=1}^{n} l_i \sin^2 \alpha_i \Bigg\} \tag{2-32}$$

② 量边系统误差的影响

当量边存在明显的系统误差时,由于它对边长的影响是单方面的,即使所有边长均按相同比例伸长或缩短,而使整个支导线像用缩放仪那样有规律地变形。如图 2-16 所示,$ABCDE$ 为一正确导线,假设在这条导线中没有其他误差的影响,只考虑量边系统误差的影响,而且假设所有边长均按相同比例伸长,从而使导线变成 $AB'C'D'E'$,不难看出,它与正确导线的形状相似,因而导线各点的位置都从原来的正确位置沿着该点与起始点 A 的连线方向移动了一段距离,其大小为相应连线的长度乘以系统误差影响系数 b。即:

$$BB' = b \times AB$$
$$CC' = b \times AC$$
$$DD' = b \times AD$$
$$EE' = b \times AE$$

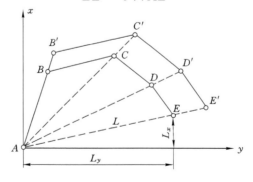

图 2-16 量边系统误差影响

由此可见,由量边系统误差所引起的支导线终点的位置误差为:

$$EE' = b \times AE = bL$$

式中, L 为导线起始点与终点的连线(叫作闭合线)的长度。由图 2-16 可以看出,对终点坐标 x 和 y 所产生的误差,分别为 bL_x 和 bL_y , L_x 和 L_y 分别为闭合线 L 在 x 轴和 y 轴上的投影长。

(3) 由测角量边误差所引起的支导线终点的位置误差

将上面所得到的结果代入式(2-25)中,对于光电测距导线,最后得到:

$$\left. \begin{array}{l} M_{xK}^2 = \dfrac{1}{\rho^2} \displaystyle\sum_{i=1}^{n} R_{y_i}^2 m_{\beta_i}^2 + \displaystyle\sum_{i=1}^{n} \cos^2 \alpha_i m_{l_i}^2 \\[4mm] M_{yK}^2 = \dfrac{1}{\rho^2} \displaystyle\sum_{i=1}^{n} R_{x_i}^2 m_{\beta_i}^2 + \displaystyle\sum_{i=1}^{n} \sin^2 \alpha_i m_{l_i}^2 \end{array} \right\} \quad (2\text{-}33)$$

K 点的点位误差为:

$$M_K^2 = \frac{1}{\rho^2} \sum_{i=1}^{n} R_i^2 m_{\beta_i}^2 + \sum_{i=1}^{n} m_{l_i}^2$$

对于钢尺量距导线,最后得到:

$$\left. \begin{array}{l} M_{xK}^2 = \dfrac{1}{\rho^2} \displaystyle\sum_{i=1}^{n} R_{y_i}^2 m_{\beta_i}^2 + a^2 \displaystyle\sum_{i=1}^{n} l_i \cos^2 \alpha_i + b^2 L_x^2 \\[4mm] M_{yK}^2 = \dfrac{1}{\rho^2} \displaystyle\sum_{i=1}^{n} R_{x_i}^2 m_{\beta_i}^2 + a^2 \displaystyle\sum_{i=1}^{n} l_i \sin^2 \alpha_i + b^2 L_y^2 \end{array} \right\} \quad (2\text{-}34)$$

K 点的点位误差为:

$$M_K^2 = \frac{1}{\rho^2} \sum_{i=1}^{n} R_i^2 m_{\beta_i}^2 + a^2 \sum_{i=1}^{n} l_i + b^2 L^2$$

当测角精度相等时,即 $m_{\beta_1} = m_{\beta_2} = \cdots = m_{\beta_n} = m_{\beta}$,则上式可写成:

$$\left. \begin{array}{l} M_{xK}^2 = \dfrac{m_\beta^2}{\rho^2} \displaystyle\sum_{i=1}^{n} R_{y_i}^2 + a^2 \displaystyle\sum_{i=1}^{n} l_i \cos^2 \alpha_i + b^2 L_x^2 \\[4mm] M_{yK}^2 = \dfrac{m_\beta^2}{\rho^2} \displaystyle\sum_{i=1}^{n} R_{x_i}^2 + a^2 \displaystyle\sum_{i=1}^{n} l_i \sin^2 \alpha_i + b^2 L_y^2 \\[4mm] M_K^2 = \dfrac{m_\beta^2}{\rho^2} \displaystyle\sum_{i=1}^{n} R_i^2 + a^2 \displaystyle\sum_{i=1}^{n} l_i + b^2 L^2 \end{array} \right\} \quad (2\text{-}35)$$

由式(2-34)和式(2-35)可以看出,导线精度与测角量边的精度、测站数目和导线的形状有关,而测角误差的影响对导线精度起决定性作用。为了提高导线精度,减小导线点点位误差,首先应注意提高测角精度,同时应当适当增大边长,以减小测站个数,有条件时,要尽量将导线布设成闭合图形,因为闭合图形的 $\displaystyle\sum_{i=1}^{n} R_i^2$ 值要比直伸型的 $\displaystyle\sum_{i=1}^{n} R_i^2$ 小,从而使测角误差 m_β 对点位误差的影响减小。

2.3.1.2　由起算边坐标方位角误差和起算点位置误差所引起的支导线终点的位置误差

在上面的讨论中,没有考虑起算数据的误差。实际上,不论是起算边的坐标方位角还是起算点的坐标,都是经过许多测量环节才求出的,因此不可避免地都带有误差,尤其是起算边的坐标方位角,当用几何定向时,是从地面通过井筒传递到井下的,因此会有较大的误差,对支导线终点的位置有显著的影响,所以有必要对其进行分析。

设起算边的坐标方位角 α_0 的误差为 $m_{\alpha 0}$，则由它引起的支导线终点的坐标误差，根据式(2-20)应为：

$$M_{x0K} = \frac{\partial x_k}{\partial \alpha_0} \frac{m_{\alpha 0}}{\rho}$$

$$M_{y0K} = \frac{\partial y_k}{\partial \alpha_0} \frac{m_{\alpha 0}}{\rho}$$

而

$$\frac{\partial x_k}{\partial \alpha_0} = \frac{\partial x_1}{\partial \alpha_0} - \left(l_1 \sin \alpha_1 \frac{\partial \alpha_1}{\partial \alpha_0} + l_2 \sin \alpha_2 \frac{\partial \alpha_2}{\partial \alpha_0} + \cdots + l_n \sin \alpha_n \frac{\partial \alpha_n}{\partial \alpha_0} \right)$$

由式(2-21)可得：

$$\frac{\partial \alpha_1}{\partial \alpha_0} = \frac{\partial \alpha_2}{\partial \alpha_0} = \cdots = \frac{\partial \alpha_n}{\partial \alpha_0} = 1$$

但

$$\frac{\partial x_1}{\partial \alpha_0} = 0$$

因而可得：

$$\frac{\partial x_K}{\partial \alpha_0} = -(l_1 \sin \alpha_1 + l_2 \sin \alpha_2 + \cdots + l_n \sin \alpha_n) = -(y_K - y_1) = -R_{y1}$$

同理可得：

$$\frac{\partial y_K}{\partial \alpha_0} = x_K - x_1 = R_{x1}$$

故最后得：

$$\left. \begin{array}{l} M_{x0K} = \pm \dfrac{m_{\alpha 0}}{\rho} R_{y1} \\[3mm] M_{y0K} = \pm \dfrac{m_{\alpha 0}}{\rho} R_{x1} \end{array} \right\} \tag{2-36}$$

点位误差：

$$M_{0K} = \pm \frac{m_{\alpha 0}}{\rho} R_1$$

实质上，若把 $m_{\alpha 0}$ 当作导线起始点 1 的测角误差 $m_{\beta 1}$，便可由式(2-27)得到上式。因此，起始边坐标方位角 α_0 的误差的影响与起始点 1 的测角误差的影响相同，即与导线的形状和闭合线长度有关。

若考虑起始点 1 的坐标误差 M_{x1} 与 M_{y1} 时，则 $m_{\alpha 0}$ 及 M_{x1} 和 M_{y1} 的共同影响为：

$$M_{x0k}^2 = M_{x1}^2 + \frac{m_{\alpha 0}^2}{\rho^2} R_{y1}^2$$

$$M_{y0k}^2 = M_{y1}^2 + \frac{m_{\alpha 0}^2}{\rho^2} R_{x1}^2$$

$$M_{0k}^2 = M_1^2 + \frac{m_{\alpha 0}^2}{\rho^2} R_1^2$$

显然，导线起算点 1 的坐标误差对各点的影响均相同，即与导线的形状及长度无关。

2.3.1.3 在某一指定方向上支导线终点的点位误差

在地下工程测量工作中，通常需要的不是支导线终点沿 x 坐标轴或 y 坐标轴方向的误差 M_x 和 M_y，而是沿某一指定方向上的点位误差。例如，在巷道贯通测量工作中，就需要估算垂直于巷道中线方向(贯通的主要方向) x' 上的相遇误差，而当向采空区掘进巷道时，则沿中线方向便是重要方向。在解决上述这类问题时，由上面所导出的一系列公式可以看出，只需设一个假定坐标系 x' 和 y'，使 x' 及 y' 与某指定方向重合，然后求支导线各点在此假定坐标轴 x' 和 y' 方向上的误差，就是所需的指定方向上的误差。其估算公式仍与式 (2-23) 或式 (2-24) 相同，当用光电测距时，有：

$$M_{x'K}^2 = \frac{m_\beta^2}{\rho^2} \sum_{i=1}^n R_{y'_i}^2 + \sum_{i=1}^n m_{l_i}^2 \cos^2 \alpha'_i$$

$$M_{y'K}^2 = \frac{m_\beta^2}{\rho^2} \sum_{i=1}^n R_{x'_i}^2 + \sum_{i=1}^n m_{l_i}^2 \sin^2 \alpha'_i$$

当用钢尺量距时，有：

$$M_{x'K}^2 = \frac{m_\beta^2}{\rho^2} \sum_{i=1}^n R_{y'_i}^2 + a^2 \sum_{i=1}^n l_i \cos^2 \alpha'_i + b^2 L_{x'}^2$$

$$M_{y'K}^2 = \frac{m_\beta^2}{\rho^2} \sum_{i=1}^n R_{x'_i}^2 + a^2 \sum_{i=1}^n l_i \sin^2 \alpha'_i + b^2 L_{y'}^2$$

式中　$R_{y'}$（$R_{x'}$）——各导线点与终点连线在 y'（x'）轴上的投影长；

　　　$L_{x'}$（$L_{y'}$）——闭合导线 L 在 x'（y'）轴上的投影长。

2.3.1.4　等边直伸型支导线终点的坐标误差

地下导线是沿巷道布设的，特别是在主要的直线大巷中，各测站的水平角 β_i 均近于 180°，并且其边长亦大致相等，这类导线就近于等边直伸型导线，如图 2-17 所示。根据前述在某一指定方向上估算点位误差的理论，在求这种等边直伸型导线的终点位置误差时，不必按原始坐标系统进行估算，只要在沿导线直伸方向和垂直于直伸方向估算就可以了，这就简化了估算工作。

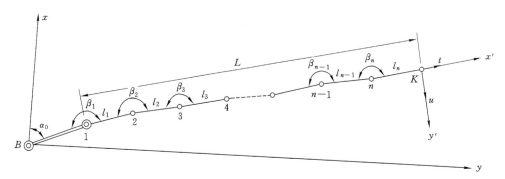

图 2-17　等边直伸型支导线终点位置误差

设 t 为导线终点 K 沿直伸方向的误差，称为"纵向误差"；u 为垂直于导线直伸方向 y' 的误差，称为"横向误差"，则有：

$$t = M_{x'K}$$
$$u = M_{y'K}$$

即：

$$t^2 = M_{x'_\beta}^2 + M_{x'_l}^2 = \frac{m_\beta^2}{\rho^2} [R_{y'}^2] + a^2 [l \cos^2 \alpha'] + b^2 L_{x'}^2$$

$$u^2 = M_{y'_\beta}^2 + M_{y'_l}^2 = \frac{m_\beta^2}{\rho^2}[R_{x'}^2] + a^2[l\sin^2\alpha'] + b^2L_{y'}^2$$

由于采用了上述假定坐标系统 x', y', 则 $\alpha'_i \approx 0$, 故 $\cos\alpha'_i \approx 1$, $\sin\alpha'_i \approx 0$, $R_{y'_i} \approx 0$, $L_{x'} \approx L$, $L_{y'} \approx 0$, 因此有:

$$t^2 = M_{x'_l}^2 = a^2[l] + b^2L^2$$

$$u^2 = M_{y'_l}^2 = \frac{m_\beta^2}{\rho^2}[R_{x'}^2]$$

由图 2-17 可以看出:

$$R_{x'_1} \approx nl$$

$$R_{x'_2} \approx (n-1)l$$

$$\cdots\cdots$$

$$R_{x'_{(n-1)}} \approx 2l$$

$$R_{x'_n} \approx l$$

故:

$$[R_{x'}^2] = n^2l^2 + (n-1)^2l^2 + \cdots + 2^2l^2 + l^2$$
$$= l^2\{n^2 + (n-1)^2 + \cdots + 2^2 + 1^2\}$$
$$= l^2\frac{n(n+1)(2n+1)}{6}$$
$$\approx n^2l^2\frac{n+1.5}{3}$$

同时,闭合线 $L \approx nl$,则:

$$t = \pm\sqrt{a^2[l] + b^2L^2} = \pm\sqrt{a^2L + b^2L^2}$$

$$u = \frac{m_\beta}{\rho}L\sqrt{\frac{n+1.5}{3}}$$

当边很多,即 n 很大时,有:

$$u = \frac{m_\beta}{\rho}L\sqrt{\frac{n}{3}}$$

由此可知,当导线呈直伸型时,测角误差只引起终点的横向误差,而量边误差只引起终点的纵向误差。因此,要减小点的横向误差,就必须提高测角精度和加大边长以减少测点的个数;而要减小终点的纵向误差,则只需提高量边精度。

2.3.2 支导线任意点的位置误差

上面所分析的是支导线终点 K(即 $n+1$)的位置误差。当需要估算支导线任意点 C 的位置误差时,根据上面的分析推导可知,只要将任意点 C 当作导线终点,然后将始点 1 与 C 点之间的各点与 C 点连线即得到 R_i 及 L 等要素,便可利用相应的公式进行估算。

2.3.3 支导线任意边的坐标方位角误差

任意边 l_j 的坐标方位角 α_j 为:

$$\alpha_j = \alpha_0 + \sum_{i=1}^{j} \beta_i \pm j \times 180°$$

因此,该坐标方位角的中误差为:

$$M_{\alpha_j}^2 = M_{\alpha_0}^2 + \sum_{i=1}^{j} m_{\beta_i}^2$$

当测角精度相同时,则:

$$M_{\alpha_j}^2 = M_{\alpha_0}^2 + j m_{\beta}^2$$

若不考虑起算边的坐标方位角误差,则 α_j 相对于 α_0 的中误差为:

$$M_{\alpha_j} = \pm m_{\beta} \sqrt{j}$$

2.3.4　估算支导线点位误差及坐标方位角误差的实例

为了更好地掌握上述支导线终点位置误差及坐标方位角误差的估算方法,现举例加以说明。

【**例 2-1**】　在平巷中由已知点 B 和点 1 开始测设了一段井下 15″ 级经纬仪导线。如图 2-18 所示,导线各边长用钢尺丈量。各边边长及角度值见表 2-7。试求第 7 点在与 6—7 边垂直和平行两个方向上的误差。

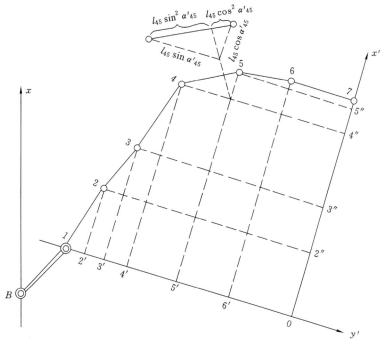

图 2-18　支导线终点位置误差估算

解算步骤如下:

① 按原坐标系统按比例尺 1 : 1 000 或 1 : 2 000 绘制导线图,然后在图上绘出给定求误差的方向(即假定坐标轴 x' 与 6—7 边垂直,y' 与 6—7 边平行),并作各点与点 7 连线在 x' 和 y' 上的投影(参见图 2-18)。

表 2-7　导线各边的长度及左角值

角号	角　　值			边 号	边 长/m
	(°)	(′)	(″)		
1	171	20	35	1—2	44.632
2	186	58	42	2—3	32.314
3	172	02	05	3—4	52.691
4	225	30	10	4—5	36.300
5	201	01	02	5—6	35.172
6	187	04	12	6—7	42.684

② 估算由测角误差所引起的点 7 在 x' 和 y' 方向上的误差。首先在图上按比例尺量取下列数值并记入表 2-8 中，即：

$$R_{x'_1} = 0 - 7, R_{x'_2} = 2'' - 7, \cdots, R_{x'_5} = 5'' - 7, R_{x'_6} = 0$$

$$R_{y'_1} = 0 - 1, R_{y'_2} = 0 - 2', \cdots, R_{y'_5} = 0 - 5', R_{y'_6} = 0 - 6'$$

然后进行计算（见表 2-9），最后得：

$$M_{x'_\beta} = \pm \sqrt{407 \times 10^{-6}} = \pm 0.020\ 2\ \text{m} = \pm 20.2\ \text{mm}$$

$$M_{y'_\beta} = \pm \sqrt{192 \times 10^{-6}} = \pm 0.013\ 9\ \text{m} = \pm 13.9\ \text{mm}$$

表 2-8　测角误差影响估算表

点　号	$R_{x'}/\text{m}$	$R_{y'}/\text{m}$	m_β	$\dfrac{m_\beta}{\rho}$	$\left(\dfrac{m_\beta}{\rho}\right)^2$
1	143.5	151.0			
2	101.0	137.5	$15''$	7.3×10^{-5}	53×10^{-10}
3	71.3	124.4			
4	20.8	109.0			
5	4.1	76.3	$\left(\dfrac{m_\beta}{\rho}\right)^2 [R_{y'}^2]$		$\left(\dfrac{m_\beta}{\rho}\right)^2 [R_{x'}^2]$
6	0	42.7			
$[R^2]$	36 320	76 700	407×10^{-6}		192×10^{-6}

③ 估算由量边误差所引起的点 7 在 x' 和 y' 方向上的误差 $M_{x'_l}$ 和 $M_{y'_l}$，其中 $l\sin^2\alpha'$ 及 $l\cos^2\alpha'$ 之值可用图解"二次投影法"在图上直接量取（参见图 2-18 中 4—5 边所表示的值），记入表 2-9 中，计算结果为：

$$M_{x'_l} = \pm \sqrt{(32 + 51) \times 10^{-6}} = \pm 0.009\ 1\ \text{m} = \pm 9.1\ \text{mm}$$

$$M_{y'_l} = \pm \sqrt{(30 + 57) \times 10^{-6}} = \pm 0.009\ 3\ \text{m} = \pm 9.3\ \text{mm}$$

表 2-9　量边误差影响估算表

边 号	$l\cos^2\alpha'/\mathrm{m}$	$l\sin^2\alpha'/\mathrm{m}$	a	a^2	$a^2\sum l\cos^2\alpha'$	$a^2\sum l\sin^2\alpha'$
1—2	40.5	4.1				
2—3	27.3	5.3	5×10^{-4}	25×10^{-8}	32×10^{-6}	30×10^{-6}
3—4	48.1	4.5				
4—5	9.4	26.9	b	$L_{x'}/\mathrm{m}$	$L_{y'}/\mathrm{m}$	$(bL_{x'})^2$	$(bL_{y'})^2$
5—6	0.5	34.6					
6—7	0	42.7					
$\sum$	125.8	118.1	5×10^{-5}	143.5	151.0	51×10^{-6}	57×10^{-6}

④ 估算第 7 点在垂直和平行于 6—7 边的两个方向上的误差。将上面测角误差和量边误差所引起的两个方向上的估算值分别计算其综合影响,可得:

$$M_{x'7}=\pm\sqrt{m_{x'\beta}^2+m_{x'l}^2}=\pm\sqrt{407+83}=\pm22.1\ \mathrm{mm}$$

$$M_{y'7}=\pm\sqrt{m_{y'\beta}^2+m_{y'l}^2}=\pm\sqrt{192+87}=\pm16.7\ \mathrm{mm}$$

第 7 点的点位误差为:

$$M_7=\pm\sqrt{m_{x'7}^2+m_{y'7}^2}=\pm\sqrt{490+279}=\pm27.7\ \mathrm{mm}$$

上例计算再一次说明,测角误差是引起支导线点位误差的主要来源。如果该导线是用光电测距仪量边,所采用的国产测距仪的测距精度为:

$$M_D=\pm(0.005+5\times10^{-6}D)$$

由于上例中导线边长较短,最长边为 $l_{34}=52.691\ \mathrm{m}$,所以可取各边的量边中误差均为 $\pm5\ \mathrm{mm}$,由此可得:

$$M_{x'l}=\pm\sqrt{\sum(m_{l_i}^2\cos^2\alpha'_i)}=\pm9.1\ \mathrm{mm}$$

$$M_{y'l}=\pm\sqrt{\sum(m_{l_i}^2\sin^2\alpha'_i)}=\pm8.2\ \mathrm{mm}$$

$$M_{x'7}=\pm\sqrt{407+83}=\pm22.1\ \mathrm{mm}$$

$$M_{y'7}=\pm\sqrt{192+67}=\pm16.0\ \mathrm{mm}$$

$$M_7=\pm\sqrt{490+256}=\pm27.3\ \mathrm{mm}$$

⑤ 估算 6—7 边的坐标方位角中误差:

$$M_{\alpha67}=\pm m_\beta\sqrt{n}=\pm15''\sqrt{6}=\pm36''.7$$

2.4　地下高程控制测量

地下高程控制可采用水准测量方法和三角高程测量的方法敷设。在主要的水平运输巷道中,一般采用精度不低于 DS$_3$ 的水准仪和普通水准尺进行水准测量;在其他巷道中可根据巷道的坡度大小以及工程的具体要求等情况,采用水准测量或三角高程测量。

2.4.1 地下水准测量

2.4.1.1 地下水准测量的施测方法及限差要求

地下水准测量的施测方法基本上同地面水准测量一样,施测时水准仪置于二尺点之间,使前后视距相等。由于巷道高度所限,使用水准尺的长度一般为 1.5 m 或 2 m。实际上通常采用两类水准尺:一类是定长双面水准尺,另一类是能伸缩的塔式水准尺。由于地下黑暗,观测时要用灯照明水准尺,读取前、后视读数,读数后应注意检查气泡位置,如气泡偏离,则应重新调整,重新读数。

地下水准测量视线长度一般以 15~40 m 为宜,每站用两次仪器高观测,两次仪器高之差应大于 10 cm。两次仪器高所测得的高差互差不应大于 ±5 mm。符合限差要求后,取两次仪器高测得的高差平均值作为一次测量结果。当水准点设在巷道顶板上时,要倒立水准尺,以尺底零端顶住测点,记录者要在记录簿上注明测点位于顶板上。

地下水准路线可为支线、附合路线或闭合路线。每组地下水准点间高差应采用往返测量的方法确定,往返测量高差较差不应大于 $\pm 50\sqrt{R}$ mm(R 为水准点间路线长度,以千米为单位),如条件允许,可布设为水准环线。闭(附)合水准路线可用两次仪器高进行单程测量,其闭合差不应大于 $\pm 50\sqrt{L}$ mm(L 为闭、符合路线长,以千米为单位)。

当一段水准路线施测后,应及时在现场检查外业手簿。检查内容包括:表头的注记是否齐全;两次仪器高测得的高差是否超限;高差的计算是否正确;顶底板的水准点是否注明。

2.4.1.2 地下水准测量内业计算

水准测量的内业主要是计算出各测点间的高差,根据起算点的高程,推算出井下各水准点的高程。由于巷道中的水准点有的设在底板上,有的设在顶板上,因此可能出现如图 2-19 所示的四种情况。但不论哪种情况,在计算两点间的高差时,仍与地面水准测量一样,用后视读数 a 减去前视读数 b,即:

$$h = a - b \tag{2-37}$$

当测点在顶板上时,只要在顶板测点的水准尺读数之前冠以负号,仍可按上式计算高差。

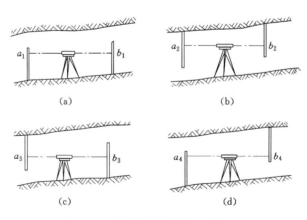

(a)   (b)

(c)   (d)

图 2-19　地下水准测量的四种情况

当求得各点间的高差及各项限差都符合规定后,再将高程闭合差进行平差,计算各测点的高程。

2.4.1.3 巷道纵剖面图的测绘

为了检查平巷的铺轨质量或为平巷的改造提供设计依据,需进行巷道剖面图的测绘,这一工作是在水准测量过程中同时完成的。具体做法是:先用皮尺沿轨道(或底板)每隔 10 m 或 20 m 标出一个临时测点,并将此点标设在两帮上,以便调整坡度放腰线点时使用。测点要统一编号。施测时先用两次仪器高测转点间的高差,符合要求后,再利用第二次仪器高依次读取中间点的读数。内业计算时,先根据后视点的高程和第二次仪器高时的后视读数,求出仪器视线高程;再由仪器视线高程减去各中间点的读数以求得各中间点的高程。

室内绘制巷道纵剖面图时,水平比例尺应为 1∶2 000、1∶1 000 或 1∶500,对应的竖直比例尺一般为 1∶200、1∶100 或 1∶50。其绘制方法如下:

① 按水平比例尺画出表格,表中填写测点编号、测点之间的距离、测点的实测高程和设计高程以及轨面(底板)的实际坡度。

② 在表格的上方,绘出巷道轨面的纵剖面图。绘图时,先绘出水平线,线的左端注明高程,线上绘出各测点的水平投影位置,再按各测点的实测高程和选定的竖直比例尺绘出各测点在竖直面上的位置,连接各测点,即为巷道的纵剖面线。最后画出轨面的设计坡度线和与该巷道相交的各巷道位置。

③ 在表格的下方绘出该巷道的平面图,并在图上绘出水准基点或导线点的位置。图 2-20 为某矿运输大巷剖面图的一部分,其水平比例尺为 1∶1 000,竖直比例尺为 1∶100。

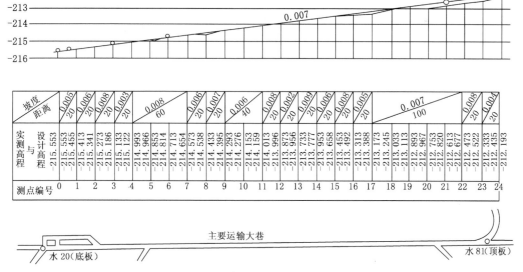

图 2-20 某矿运输大巷总剖面图

经剖面测量后,如巷道轨面的实际坡度与设计坡度相差太大,则应进行调整。为了减少调整工作量,根据巷道的具体情况,在不影响运输的前提下,可适当改变原设计坡度,分段进行调整,但应与矿山运输部门的有关人员商定。巷道坡度调整后,测量人员应按调整的坡度要求,标设巷道的腰线。

2.4.2 地下三角高程测量

地下三角高程测量通常在倾角大于 8° 的倾斜巷道中进行。地下三角高程测量通常与经纬仪导线测量同时进行。地下三角高程测量两点间高差的方法如图 2-21 所示。

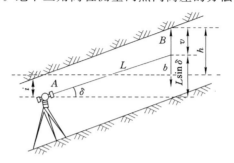

图 2-21 地下三角高程测量

置经纬仪于 A 点，对中整平。在 B 点悬挂垂球。用望远镜瞄准垂球线上的标志 b 点，测出倾角 δ，丈量仪器中心到 b 点的距离 L，量取仪器高 i 及觇标高 v。

则 A 点对 B 点的高差可按下式计算：

$$h = L\sin\delta + i - v \tag{2-38}$$

三角高程测量的倾角观测，一般可用一测回。通过斜井导入高程时，应测两测回，测回间的互差，对于 J_2 级经纬仪应不大于 $20''$，J_6 级经纬仪应不大于 $40''$。仪器高和觇标高应用小钢尺在观测开始前和结束后各量一次，两次丈量的互差不得大于 4 mm，取其平均值作为测量结果。丈量仪器高时，可使望远镜竖直，量出测点至镜上中心间的距离。

三角高程测量应往返进行，往返测量的高差互差应不超过 $(10+0.3l)$ mm，式中 l 为导线长度，以米为单位。三角高程导线的高差闭合差不应大于 $\pm 100\sqrt{L}$ mm，式中 L 为导线长度，以千米为单位。当高差的互差符合要求后应取往返测高差的平均值作为一次测量结果。

三角高程导线闭合和附合高程路线的闭合差，可按边长成正比分配。复测支线终点的高程，应取两次测量的平均值。高差经改正后，可根据起始点的高程推算各导线点的高程。

2.5 地下高程导线的平差

地下高程导线有闭合、附合及支导线等几种类型。由于地下巷道的特点，在同一闭合或附合的高程导线中，有的测段进行了水准测量，有的测段则为三角高程测量，这就产生了水准测量与三角高程测量联合平差的问题。下面就水准测量、三角高程测量及水准测量与三角高程测量联合平差分述如下。

2.5.1 单个水准导线的平差

用同类仪器和按同一精度要求施测的水准测量，各站高差是等精度的。平差时，将高程闭合差以相反符号平均分配在各站的高差上，就是符合最小二乘法原则的严格平差。

各站高差的改正数为：

$$v_h = -\frac{f_h}{n} \qquad (2\text{-}39)$$

式中，f_h 为高程闭合差，闭合水准路线的高程闭合差 $f_h = \sum_{i=1}^{n} h_i$，附合水准路线的高程闭合差 $f_h = \sum_{i=1}^{n} h_i (H_{\mathscr{Z}} - H_{\mathscr{Z}})$；$n$ 为测站数。

对于往返观测的水准支线，则取往测和返测结果的平均值作为最终值。

2.5.2　单个三角高程导线的平差

地下闭合和附合三角高程测量，在边长及倾角彼此大致相同并采用同精度的测量方法时，其高程闭合差也可与水准测量的平差一样，以相反符号平均分配于各站的高差上。

当三角高程导线各站高差为不等精度时（例如边长或倾角变化很大），则高程闭合差应以相反的符号，按与各边高差的中误差之平方成比例分配：

$$m_{hi} = -\frac{f_h}{[m_h^2]} m_{hi}^2 \qquad (2\text{-}40)$$

式中　m_{hi}——各边高差的中误差；

　　　$[m_h^2]$——各边高差中误差的平方和。

在倾角大体相同而边长变化较大时，高差中误差与边长的平方根成正比。因此，闭合差可按闭、附合三角高程导线的边长成比例分配。相邻两点的高差改正数按下式计算：

$$v_{hi} = -\frac{f_h}{[L]} L_i \qquad (2\text{-}41)$$

式中　L_i——各边的斜长；

　　　$[L]$——边长的总和。

2.5.3　水准导线与三角高程导线的联合平差

联合平差时，由于同一路线中各测段高差的精度不同，因而需考虑确定各测段高差的权。也可按式(2-40)进行分配，其中 m_{hi}、$[m_h^2]$ 分别为各测段的高差中误差和整个路线高差中误差的平方和。求得各测段的改正数后，即可求得该路线上各测站高差的改正数。

【例 2-2】　如图 2-22 所示，一号斜井长 490 m，二号斜井长 640 m，均按基本控制导线要求进行了三角高程测量；平巷长 1 690 m，进行了水准测量；地面 A、B 两水准点为四等水准点；总闭合差为 $f_h = +61$ mm，求各测段应分配的改正数。

在无实测资料分析确定参数的情况下，按《煤矿测量规程》要求，每千米一次水准测量（指两次仪器高）的高差中误差及一次三角高程测量往返测量的高差中误差为：$m_{h(\mathrm{水})} = \pm 18$ mm；$m_{h(\mathrm{经})} = \pm 50$ mm。

各测段高差中误差分别为：

$$m_{h(A-\mathrm{I})} = \pm 50 \times \sqrt{0.49} = \pm 35 \text{ mm}$$

$$m_{h(\mathrm{I}-\mathrm{II})} = \pm 18 \times \sqrt{1.69} = \pm 23.4 \text{ mm}$$

$$m_{h(\mathrm{II}-B)} = \pm 50 \times \sqrt{0.64} = \pm 40 \text{ mm}$$

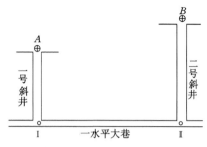

图 2-22　高程导线的联合平差

$$[m_h^2] = 35^2 + 23.4^2 + 40^2 = 3\ 372.56$$

各测段的改正数分别为：

$$v_{h(A-\text{I})} = \frac{-61}{3\ 372.56} \times 35^2 = -22\ \text{mm}$$

$$v_{h(\text{I}-\text{II})} = \frac{-61}{3\ 372.56} \times 23.4^2 = -10\ \text{mm}$$

$$v_{h(\text{II}-B)} = \frac{-61}{3\ 372.56} \times 40^2 = -29\ \text{mm}$$

第 3 章　联系测量与精度分析

3.1　概　　述

将地面上的平面坐标系统和高程系统通过平硐、斜井或竖井传递到地下的测量,称为联系测量。将地面平面坐标系统传递到地下的测量称为平面联系测量,简称定向。将地面高程系统传递到地下的测量称为高程联系测量,简称导入标高。地下联系测量的目的就是使地面和地下测量采用同一坐标系统,其必要性在于:需要确定地面建筑物、铁路以及水体(江河、湖泊、水库等)与地下巷道、空间的相对位置关系;为解决很多重大工程问题,如井筒或相邻巷道的贯通,以及由地面向地下指定的地点开凿小井或打钻孔等都需要地上下有一个统一的坐标系统。

3.1.1　联系测量的任务

联系测量的任务有:

① 确定地下经纬仪导线起算边的坐标方位角 α。

② 确定地下经纬仪导线起算点的平面坐标 x 和 y。

③ 确定地下水准基点的高程 H。

前面两项任务是通过定向来完成的,第三个任务是通过导入标高来完成的,这样就获得了地下平面与高程测量的起算数据。

3.1.2　定向的种类

定向的方法因地下工程开拓方式不同而异,概括起来可分为两大类:一类是从几何原理出发的几何定向;另一类是以物理特征为基础的物理定向。

几何定向分为:

① 通过平硐或斜井的几何定向。

② 通过一个立井的几何定向(一井定向)。

③ 通过两个立井的几何定向(两井定向)。

物理定向可分为:

① 用精密磁性仪器定向。

② 用陀螺经纬仪定向。

沿平硐或斜井的几何定向,只需通过斜井或平硐敷设经纬仪导线对地面和地下进行联测即可。用精密磁性仪器定向,因其定向精度远远不如陀螺经纬仪定向,所以本章主要讨论通过立井的几何定向和陀螺经纬仪定向。

3.1.3 定向误差对井下导线的影响及对定向精度的要求

3.1.3.1 定向误差对井下导线的影响

通过立井将地面的平面坐标和方位角传递到井下时,其传递坐标和传递方位角的误差对井下经纬仪导线的布设和工程质量有着重大影响。如图 3-1(a)所示,点 1、2、3、4、5 为井下导线的正确位置,起始点 1 由于定向的坐标误差 e 而偏移到 1′点的位置。如不考虑井下导线的测角误差,则导线各点也同样偏移 e 的距离。可见,起始点的位置误差对导线中其他各点的影响不随导线的延长而增大,而是保持为常数。

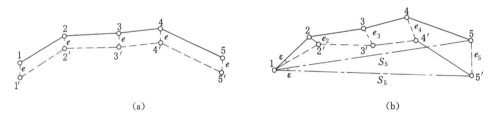

(a) (b)

图 3-1 联系测量对井下导线的影响

从图 3-1(b) 可以看出,方位传递误差则不同,当井下起始边方位角的误差为 ε 时,相当于整个导线以井下起始点 1 为圆心转动一个角度 ε 而成为 2′、3′、4′、5′的位置,很明显 ∠515′ = ε,因此有:

$$e_5 = \frac{S_5 \cdot \varepsilon}{\rho} \tag{3-1}$$

可见,由起始边方位误差所引起的导线点位误差与导线起点至终点的长度成正比,即离起点越远,误差就越大。因此,我们在进行平面联系测量时要尽可能减小方位角的传递误差,以方位角的传递为主,这也是平面联系测量又称为定向的原因。

3.1.3.2 定向测量的精度要求

联系测量的主要精度要求见表 3-1。

表 3-1 定向的主要限差

定向类别	容 许 误 差		备 注
几何定向	由近井点推算的两次独立定向结果的互差	一井定向:<2′ 两井定向:<1′	巷道一翼长度小于 300 m,可适当放宽限差,但应小于 10′
陀螺经纬仪定向	同一边任意两测回陀螺方位角的互差	±15″级:<40″	陀螺经纬仪精度级别是按实际达到的一测回测量陀螺方位角的中误差确定的
	地下同一定向边两次独立陀螺经纬仪定向的互差	±15″级:<40″	

几何定向的限差,是根据目前地下工程的实际定向精度制定的。根据一些地下工程的

统计资料,求得两次独立定向平均值的中误差 M_{a_0} 和两次独立定向值的允许互差 $\Delta\alpha$,见表 3-2 所列。

表 3-2　实际定向精度与规程限差对比

定向方法	两次独立定向的个数	M_{a0}	$\Delta\alpha$		备　注
			估算值	限差	
一井定向	78	$25''$	$1'40''$	$2'$	$\Delta\alpha = 4M_{a0}$
两井定向	85	$13''$	$52''$	$1'$	

陀螺经纬仪精度级别是按实际达到的一测回测量陀螺方位角的中误差确定的,并依此规定陀螺经纬仪定向的各项限差。"一次陀螺经纬仪定向"是指按照陀螺经纬仪一次定向程序所求得的井下定向边的坐标方位角的全过程。

3.2　近井点和井口水准基点的测设

为了建立井上下统一的坐标系统,需要把地面坐标系统中的平面坐标及方向传递到井下,在定向之前,必须在地面井口附近设立作为定向时与垂球线连接的点,叫作"连接点"。由于井口建筑物很多,因而连接点通常不能直接与地面控制点通视,为此,还必须在定向井筒附近设立"近井点"。为传递高程,还应设置井口水准基点(一般近井点也可作为水准基点)。

3.2.1　近井点和井口水准基点的布设要求

近井点和井口水准基点是地下测量的基准点。在建立近井点和井口水准基点时,应满足下列需求:

① 尽可能埋设在便于观测、保存和不受地上下工程影响的地点。当近井点必须设置于井口附近的工业厂房房顶时,应保证观测时不受机械震动的影响和便于向井口敷设导线。

② 每个井口附近应设置一个近井点和两个水准基点。

③ 近井点至井口的连测导线边数应不超过三个。

④ 多井口的地下工程区域,近井点应统一合理布置,尽可能使相邻井口的近井点构成导线网中的一个边,或力求间隔的边数最少。

⑤ 为使近井点和井口水准基点免受损坏,在点的周围宜设置保护桩和栅栏或刺网。在标石上方宜堆放高度不小于 0.5 m 的碎石。

⑥ 在近井点及与近井点直接构成导线网边的点上,宜用角钢或废钻杆等材料建造永久觇标。

3.2.2　近井点和井口水准基点的精度要求及测量方法

3.2.2.1　近井点的精度要求

近井点可在三、四等三角网、导线网和 GPS 网的基础上,用插网、插点和经纬仪导线、GPS 测量等方法测设。近井点的精度,对于测设它的起算点来说,其点位中误差不得超过

±7 cm,后视边方位角中误差不得超过±10″。近井点的布设方案可参照平面控制网的布设规格和精度要求来测设。

3.2.2.2 井口水准基点的精度要求

井口水准基点的高程精度应满足两相邻井口间进行主要巷道贯通的要求。由于两井口间进行主要巷道贯通时,在高程上的允许偏差 $m_{z允}=±0.2$ m,则其中误差 $m_z=±0.1$ m,一般要求两井口水准基点相对高程中误差引起贯通点 K 在 z 轴方向的偏差中误差应不超过 $±m_z/3=±0.03$ m。所以,井口水准基点的高程测量,应按四等水准测量的精度要求测设。在丘陵和山区难以布设水准路线时,可用三角高程测量方法测定,但应使高程中误差不超过 $±3$ cm,对于不涉及两井贯通问题的高程基点的高程精度不受此限。

测量高程基点的水准路线,可布设成附(闭)合路线、高程网或水准支线。除水准支线必须往返观测或用单程双转点法观测外,其余均可只进行单程测量。

3.2.2.3 利用全球定位系统(GPS)测设近井点

利用 GPS 卫星定位测设近井点时,近井点应埋设在视野开阔处,点周围视场内不应有倾斜角大于 10°的成片障碍物,以免阻挡来自卫星的信号。同时,应避开高压输电线、变电站等设施,其最近距离不得小于 200 m,距强辐射电台、电视台、微波站等不得小于 400 m;还应避开对电磁波接收有强烈吸收或反射影响的金属和其他障碍物及大范围的水面等。测量可采用静态定位法,静态定位能够通过大量的重复观测来提高定位精度。GPS 测量必须按我国发布的《全球定位系统(GPS)测量规范》进行。在《规范》中将 GPS 网点划分为 A、B、C、D、E 五个等级,其中 D 级和 E 级分别相当于常规测量的国家三等点和四等点,近井点测设可采用上述等级。有关技术标准见表 3-3。

表 3-3　GPS 测量的技术标准

等级	平均边长 /km	仪器要求	精度指标/mm		图形强度 (PDOP)	观测时段个数	时段长 /min	卫星高度角限值 /(°)
			a	b				
D	10~5	单频或双频	10	10	≤10	≥2	≥60	≥15
E	5~2	单频或双频	10	20	≤10	≥2	≥6	≥15

GPS 外业观测包括:制订观测实施方案,天线设置及量高,接收机的预热和开机,观测过程中的观测和记录,气象数据的观测记录,关机和迁站。

3.3 一井定向

通过一个立井的几何定向,叫一井定向。一井定向的方法就是在一个井筒内悬挂两根钢丝,将地面点的坐标和边的方位角传递到井下的测量工作,如图 3-2 所示。钢丝的一端固定在井口上方,另一端系上重锤自由悬挂至定向水平,这项工作称为投点。再按地面坐标系统求出两根钢丝的平面坐标及其连线的方位角。在定向水平,通过测量把在地面已求得的两根自由悬挂钢丝的平面坐标及其连线的方位角与井下永久导线点联系起来,这项工作称为连接。这样便能将地面的坐标和方向传递到井下,从而达到定向的目的。因此。一井定向的工作分为由地面向定向水平投点,以及将自由悬挂钢丝与井上下导线点连接两部分。

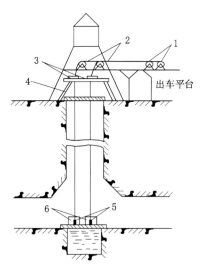

图 3-2　一井定向的投点设备

1——小绞车；2——钢丝；3——定线板；4——支架；5——垂球；6——大水桶

3.3.1　投点

　　所谓投点，就是在井筒中悬挂重锤至定向水平，然后利用悬挂的两钢丝将地面的点位坐标和方位角传递到井下。如图 3-2 所示，在由地面向井下定向水平投点时，由于井筒内风流、滴水等因素的影响，使钢丝的井上、井下位置不在同一铅垂线上而产生的误差称为投点误差。由这种误差而引起的垂球线连线方向的误差叫作投向误差。如图 3-3 所示，A、B 为两根钢丝在地面的位置，由于悬挂钢丝的偏斜，A'、B' 为两垂球线在定向水平偏离后的位置，分别相对于 A、B 产生线量偏差的投点误差。图 3-3（a）中表示两垂球线沿其连线方向偏离，但这种投点误差对 AB 方向来说没有影响。

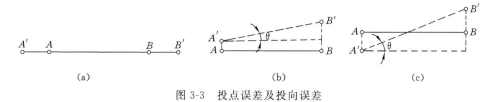

| (a) | (b) | (c) |

图 3-3　投点误差及投向误差

　　图 3-3（b）为两垂球线偏向于连线的同一侧，且在连线的垂直方向上，使 AB 方向的投射产生了一个误差角 θ，则：

$$\tan \theta = \frac{BB' - AA'}{AB}$$

　　如果两垂球线向其连线两边偏离，且在垂直于连线的方向上，如图 3-3（c）所示，则其投向误差 θ 可用下式求得：

$$\tan \theta = \frac{AA' + BB'}{AB}$$

　　设 $AA' = BB' = e$，$AB = c$，且由于 θ 很小，则上式可简化为：

$$\theta'' = \frac{2e}{c} \cdot \rho''$$

式中，$\rho'' = 206265''$（一弧度所对应的秒值）。

显然，上述三种投向误差均为特殊情况，且以第三种情况引起的投向误差最大，投向误差的一般公式可用下式表示：

$$\theta'' = \frac{e}{c} \cdot \rho'' \tag{3-2}$$

例如 $e = 1 \text{ mm}$，$c = 3 \text{ m}$，则投向误差为：

$$\theta'' = \pm \frac{1}{3\,000} \times 206265'' = \pm 68.8''$$

从上述可以看出，仅 1 mm 的投点误差就能引起方位角误差达 68.8″之多。要减小投向误差，由公式(3-2)可以看出，必须加大两垂线间的距离 c 和减少投点误差 e。但由于井筒直径有限，两垂线间的距离不能无限增大，因此只有采取正确的投点方法。

《煤矿测量规程》规定，一井定向两次独立定向之差不得大于 $\pm 2'$，则一次定向的允许误差为 $\pm \dfrac{2'}{\sqrt{2}}$，其中误差为：

$$m_\alpha = \pm \frac{2'}{\sqrt{2}} = \pm 42''$$

若除去井上下连接产生的误差，则投向误差约为 $\pm 30''$。在 c 为 2 m、3 m 和 4 m 的情况下，投点误差相应为 $e = \dfrac{\theta'' c}{\rho''} = 0.3 \text{ mm}$、0.45 mm、0.6 mm。因此，在投点时必须采取有效的措施和给予极大的重视，才能达到上述精度。

减小投点误差的措施有：
① 采用抗拉强度高的小直径钢丝，适当加大垂球质量。
② 将重锤置于稳定液中（如机油或米汤等），以减少钢丝绳摆动。
③ 测量时应关闭风门或暂停通风机，并给钢丝安上挡风套筒，以减少风流的影响等。
④ 尽量增大两钢丝绳间的间距。
⑤ 采取防水措施以减少滴水的影响。

此外，挂上重锤后，还应检查钢丝是否自由悬挂。常见的检查方法有比距法（比较井上、下两钢丝间距）、信号圈法（自地面沿钢丝下放小铁丝圈，看是否受阻）、钟摆法（使钢丝摆动，观察摆动周期是否正常）等。确认钢丝自由悬挂后，即可开始连接工作。

3.3.2　连接测量

连接测量分为地面连接测量和井下连接测量两部分。地面连接测量是在地面测定两钢丝的坐标及其连线的方位角；井下连接测量是在定向水平根据两钢丝的坐标及其连线的方位角确定井下导线起始点的坐标与起始边的方位角。连接测量的方法很多，这里仅以连接三角形法为例予以介绍。

连接三角形法是在井上下井筒附近选定连接点 C 和 C'，如图 3-4(a)所示，在井上下形成以两垂线 AB 为公共边的两个三角形 ABC 和 ABC'，称这两个三角形为连接三角形。井上下连接三角形的平面投影，如图 3-4(b)所示。当已知 D 点的坐标和 DE 边的方位角以及

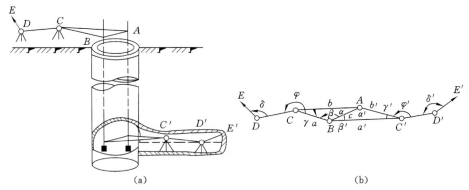

图 3-4　一井定向连接三角形法示意图

地面三角形各内角与边长时,便可按导线测量计算法计算 A、B 在地面坐标系中的坐标及其连线的方位角。同样,已知 A、B 的坐标及其连线的方位角和井下三角形各要素时,再测定连接角 δ' 和 φ',就能计算出井下导线起始边 $D'E'$ 的方位角及起始点 D' 的坐标。

　　为了提高精度,CD 和 $C'D'$ 边长应大于 20 m,连接三角形应布设成延伸三角形,即尽可能将连接点 C 和 C' 设在 AB 延长线上,而使 γ、α 和 γ'、β' 尽量小(不大于 $2°$),同时,连接点 C 和 C' 还应尽量靠近最近的一根垂球线。

3.3.2.1　连接三角形法的外业工作

　　① 地面连接测量时,分别在 D、C 点安置仪器,测量出 δ、φ 和 γ 角,丈量延伸三角形的 a、b、c 边和 CD 边。

　　② 井下连接时,分别在 C'、D' 点安置仪器,测量出 γ'、φ' 和 δ' 角,丈量延伸三角形的 a'、b'、c' 边和 $C'D'$ 边。

3.3.2.2　连接三角形法的内业工作

　　在进行内业计算之前,应对全部记录进行检查。连接三角形法的内业工作包括解三角形和导线计算两部分。

　　(1)三角形解算

　　① 解算三角形。在图 3-4(b)中的三角形 ABC 和三角形 ABC' 中,可按正弦定理求 α、β 和 α'、β' 角,即:

$$\left.\begin{aligned}\sin \alpha = \frac{a}{c}\sin \gamma \\ \sin \beta = \frac{b}{c}\sin \gamma\end{aligned}\right\} \tag{3-3}$$

当 $\alpha < 2°$ 及 $\beta > 178°$ 时,可用下列简化公式计算:

$$\alpha'' = \frac{a}{c}\gamma'' \quad (\beta'') = \frac{b}{c}\gamma''$$

$$\beta = 180° - (\beta'') \tag{3-4}$$

　　② 检查测量和计算成果。连接三角形的三个内角 α、β、γ 以及 α'、β'、γ' 的和均应为 $180°$,一般均能闭合,若有少量残差可平均分配到 α、β 和 α'、β' 上。

　　其次,井上丈量所得的两钢丝间的距离 $c_丈$ 与按余弦定理计算出的距离 $c_计$,两者的差值

d,在井上连接三角形中相差应不大于 2 mm,井下连接三角形中相差应不大于 4 mm,在符合规程的要求时,可在丈量的边长上加入改正数:

$$v_a = -\frac{d}{3}, v_b = +\frac{d}{3}, v_c = -\frac{d}{3} \tag{3-5}$$

(2)导线计算

根据上述方法求得的水平角和边长,将井上、井下看成一条导线,如 $E-D-C-A-B-C'-D'-E'$,按照导线的计算方法求出井下起始点 D' 的坐标及井下起始边 $D'E'$ 的方位角。

一井定向应独立进行两次,两次求得的井下起始边方位角之差不得超过 $\pm 2'$,然后取两次定向的平均值作为最终定向成果。

3.3.3 精度分析

3.3.3.1 一井定向的限差要求

根据《煤矿测量规程》规定,一井通过两次独立定向算得的井下定向边的方位角之差不得超过 $2'$,则一次定向的中误差为:

$$M_{a0} = \pm \frac{2'}{2\sqrt{2}} = \pm 42''$$

此误差由地面连接误差 $m_上$、投向误差 θ、井下连接误差 $m_下$ 三部分组成,即:

$$M_{a0} = \pm \sqrt{m_上^2 + \theta^2 + m_下^2} \tag{3-6}$$

实际上,经过对大量的定向资料分析,认为一井定向的投点误差与连接误差大致相等,即:

$$m_上^2 + m_下^2 \approx \theta^2$$

$$\theta \leqslant \frac{M_{a0}}{\sqrt{2}}$$

即

$$:\theta \leqslant \pm 30''$$

则投点误差为:

$$e = \frac{\theta c}{\rho}$$

设 c 分别为 3 m、4 m、5 m,相应的 e 的计算结果分别为 0.44 mm、0.58 mm、0.73 mm。

由以上计算数据可以看出,采用一井几何定向方法,投点是一项极为仔细和艰巨的工作,必须给予足够的重视。

3.3.3.2 一井定向三角形连接法的误差

一井定向一般采用的连接三角形如图 3-5 所示。井下导线起始边 $C'D'$ 的方位角 $\alpha_{C'D'}$ 可按下式计算:

$$\alpha_{C'D'} = \alpha_{DC} + \varphi - \alpha + \beta' + \varphi' \pm 4 \times 180°$$

考虑投向误差 θ 的影响,定向边 $C'D'$ 总的定向误差为:

$$m_{\alpha C'D'}^2 = m_{\alpha DC}^2 + m_\varphi^2 + m_\alpha^2 + m_{\beta'}^2 + m_{\varphi'}^2 + \theta^2 \tag{3-7}$$

将上式分为井上和井下连接误差及投向误差三部分,则:

$$m_{\alpha C'D'}^2 = m_上^2 + m_下^2 + \theta^2 \tag{3-8}$$

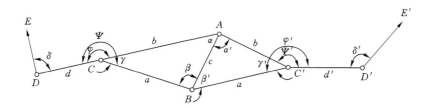

图 3-5　连接三角形几何定向

其中
$$m_{\pm}^2 = m_{aDC}^2 + m_{\varphi}^2 + m_{\alpha}^2 \tag{3-9}$$
$$m_{\mp}^2 = m_{\beta'}^2 + m_{\varphi'}^2 \tag{3-10}$$

（1）连接三角形中垂球线处角度的误差

在井下定向边方位角计算中，用到的 α、β 角是位于垂球线处的角度，它们是在内业计算时按正弦公式算得的，故称计算角，如：

$$\sin \alpha = \frac{a}{c} \sin \gamma$$

计算角 α 是观测值 a、c、γ 的函数，其误差为：

$$m_{\alpha}^2 = \left(\frac{\partial \alpha}{\partial a}\right)^2 m_a^2 \rho^2 + \left(\frac{\partial \alpha}{\partial c}\right)^2 m_c^2 \rho^2 + \left(\frac{\partial \alpha}{\partial \gamma}\right)^2 m_{\gamma}^2 \tag{3-11}$$

式中，各偏导数分别为：

$$\frac{\partial \alpha}{\partial a} = \frac{\sin \gamma}{c \cos \alpha}; \frac{\partial \alpha}{\partial c} = -\frac{a \sin \gamma}{c^2 \cos \alpha}; \frac{\partial \alpha}{\partial \gamma} = \frac{a \cos \gamma}{c \cos \alpha}$$

将各偏导数代入式（3-11），得：

$$m_{\alpha}^2 = \frac{\sin^2 \gamma}{c^2 \cos^2 \alpha} m_a^2 \rho^2 + \frac{a^2 \sin^2 \gamma}{c^4 \cos^2 \alpha} m_c^2 \rho^2 + \frac{a^2 \cos^2 \gamma}{c^2 \cos^2 \alpha} m_{\gamma}^2$$

将 $\sin \gamma = \dfrac{c}{a} \sin \alpha$、$\cos^2 \gamma = 1 - \sin^2 \gamma = 1 - \dfrac{c^2}{a^2} \sin^2 \alpha$ 代入上式，整理后得：

$$m_{\alpha}^2 = \frac{\tan^2 \alpha}{a^2} m_a^2 \rho^2 + \frac{\tan^2 \alpha}{c^2} m_c^2 \rho^2 + \frac{a^2}{c^2 \cos^2 \alpha} m_{\gamma}^2 - m_{\gamma}^2 \tan^2 \alpha$$

$$m_{\alpha} = \pm \sqrt{\rho^2 \tan^2 \alpha \left(\frac{m_a^2}{a^2} + \frac{m_c^2}{c^2} - \frac{m_{\gamma}^2}{\rho^2}\right) + \frac{a^2}{c^2 \cos^2 \alpha} m_{\gamma}^2} \tag{3-12}$$

对于 β 角有：

$$m_{\beta} = \pm \sqrt{\rho^2 \tan^2 \beta \left(\frac{m_b^2}{b^2} + \frac{m_c^2}{c^2} - \frac{m_{\gamma}^2}{\rho^2}\right) + \frac{b^2}{c^2 \cos^2 \beta} m_{\gamma}^2} \tag{3-13}$$

同理，对井下定向水平上的连接三角形，也可得到类似的公式。

由式（3-12）、式（3-13）可以看出：对于地面连接三角形，当 $\alpha \approx 0°$、$\beta \approx 180°$（或 $\beta \approx 0°$、$\alpha \approx 180°$）时，各测量元素的误差对垂球处角度的影响最小，此时有：

$$\tan \beta \approx 0; \tan \alpha \approx 0; \cos \alpha \approx 1; \cos \beta \approx -1$$

代入式（3-12）、式（3-13）得：

$$
\left.\begin{array}{l}
m_{\alpha} = \pm \dfrac{a}{c} m_{\gamma} \\[3mm]
m_{\beta} = \pm \dfrac{b}{c} m_{\gamma}
\end{array}\right\} \tag{3-14}
$$

对于定向水平上的连接三角形有：

$$
\left.\begin{array}{l}
m_{\alpha'} = \pm \dfrac{a'}{c'} m_{\gamma'} \\[3mm]
m_{\beta'} = \pm \dfrac{b'}{c'} m_{\gamma'}
\end{array}\right\} \tag{3-15}
$$

当 $\alpha < 2°$、$\beta > 178°$ 时，连接三角形垂球处的角度误差即可用式（3-14）、式（3-15）计算。这样的三角形称为延伸三角形。

分析上述误差公式可得出如下结论：

① 连接三角形最有利形状为锐角不大于 $2°$ 的延伸三角形。

② 计算角 α 和 β（α' 和 β'）的误差，随连接三角形观测角 γ 的观测误差增大而增大，随观测边比值 $\dfrac{a}{c}$ 的减小而减小。故在连接测量时，应使连接点 C' 和 C'' 尽可能靠近最近的垂球线，以使 $\dfrac{a}{c}$（或 $\dfrac{a'}{c'}$）值尽可能小一些，并精确测量 γ 角。《煤矿测量规程》规定：$\dfrac{a}{c}$（或 $\dfrac{b}{c}$）的值一般不应超过 1.5。

③ 两垂球线间的距离 c 越大，计算角的误差越小。

④ 当井上下连接三角形布设成延伸三角形时，量边误差对定向精度影响较小。

（2）连接角的误差影响

在式（3-7）中，m_{φ}、$m_{\varphi'}$ 为井上、下连接点 C、C' 处观测连接角 φ、φ' 的误差，称为连接角误差。如图 3-6 所示，A、B 为两垂球线，CD 为地面连接边，φ 为地面连接角。根据测角误差分析可知，连接角误差应包括测角方法误差和对中误差两类，下面讨论这两类误差对连接精度的影响。

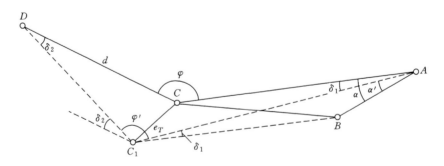

图 3-6 经纬仪在连接点上的对中误差

因为垂球线 A 不存在对中误差，因此对 φ 角来说，只有 C 点处的仪器对中误差和 D 点的觇标对中误差对 φ 角产生影响。

当经纬仪在连接点（C 点）无仪器对中误差，两垂球线连线方位角 α_{AB} 为：

$$
\alpha_{AB} = \alpha_{DC} + \varphi - \alpha \pm 2 \times 180°
$$

当经纬仪在 C 点存在对中线量偏差 e_T 时,两垂球线连线方位角 α_{AB} 变为:

$$\alpha'_{AB} = \alpha_{DC} + \varphi' - \alpha' \pm 2 \times 180°$$

由此引起的方位角 α_{AB} 的误差为:

$$\Delta = \alpha_{AB} - \alpha'_{AB} = \varphi - \varphi' - \alpha + \alpha'$$

由图 3-6 可知:

$$\varphi - \varphi' = \delta_1 + \delta_2$$
$$\alpha' - \alpha = -\delta_1$$

故　　　　　　　　　　　　$$\Delta = \delta_2 + \delta_1 - \delta_1 = \delta_2$$

实际上,经纬仪对中可能在以 C 点为圆心、以 e_T 为半径的圆周上的任意一点上。由图 3-6 可以看出,仪器在 C 点的对中误差对连接精度的影响相当于由 C 点的觇标对中误差所引起的 D 点的测角误差,即:

$$m_{eT} = \pm \rho \frac{e_T}{\sqrt{2}\,d} \tag{3-16}$$

由此可见,连接边 d 越长,此项误差越小,且此误差与连接点 C 到垂球线的距离无关。

D 点觇标对中误差 m_{eD} 对连接精度的影响可按下式计算:

$$m_{eD} = \pm \rho \frac{e_D}{\sqrt{2}\,d} \tag{3-17}$$

因此,在 C 点测量连接角 φ 的误差对连接精度的影响 m_φ 为:

$$m_\varphi = \pm \sqrt{m_i^2 + \left(\frac{e_T}{\sqrt{2}\,d}\right)^2 \rho^2 + \left(\frac{e_D}{\sqrt{2}\,d}\right)^2 \rho^2} \tag{3-18}$$

式中,m_i 为测量方法误差。

在实际作业时,可设 $e_T = e_D = e$,则:

$$m_\varphi = \pm \sqrt{m_i^2 + \frac{e^2}{d^2}\rho^2}$$

由此可知,欲减小连接角测量误差对连接精度的影响,应尽量加大连接边 d 的长度,提高仪器及觇标的对中精度。《煤矿测量规程》要求,CD 边应大于 20 m。当 CD 边小于 20 m 时,在 C 点进行水平角观测,其仪器必须对中 3 次,以提高对中精度来减小连接误差。

上述公式对井下连接角误差 $m_{\varphi'}$ 也同样适用。

(3)三角形连接法连接的一井定向总误差

根据式(3-7),得定向总误差为:

$$m_{a0} = m_{aC'D'} = \pm \sqrt{m_{aDC}^2 + m_\varphi^2 + m_a^2 + m_{\varphi'}^2 + \theta^2}$$

$$m_{aDC} = \pm m_\beta \sqrt{n}$$

式中　m_β ——地面连接导线的测角中误差;

　　　n ——连接导线角度个数;

　　　m_{aDC} ——连接边 DC 的方位角中误差,可由地面近井点布设的地面连接导线按支导线误差计算公式计算。

(4)解算三角形时所用检查方法的可靠性分析

在利用正弦公式解算连接三角形时,可用两种检核方法检查测量和计算结果的正确性:

一是比较两垂球线间距离的丈量值和计算值；二是三角形内观测角和计算角之和应等于 180°。下面来分析这两种检查方法的可靠性。

① 两垂球线间距离检查的可靠性

若两垂球线间距离的丈量值为 c，计算值为 c'，则其差数 $d=c-c'$ 的误差为：

$$m_d^2 = m_c^2 + m_{c'}^2 \qquad (3\text{-}19)$$

而

$$c'^2 = a^2 + b^2 - 2ab\cos\gamma$$

故

$$m_{c'}^2 = \left(\frac{\partial c'}{\partial a}\right)^2 m_a^2 + \left(\frac{\partial c'}{\partial b}\right)^2 m_b^2 + \left(\frac{\partial c'}{\partial\gamma}\right) m_\gamma^2 \frac{1}{\rho^2} \qquad (3\text{-}20)$$

按前式取各偏导数，再令 $c'=c$，得：

$$\frac{\partial c'}{\partial a} = \frac{a - b\cos\gamma}{c}, \quad \frac{\partial c'}{\partial b} = \frac{b - a\cos\gamma}{c}, \quad \frac{\partial c'}{\partial\gamma} = \frac{ab\sin\gamma}{c}$$

如图 3-7 所示，将上述各偏导数按图进行换算，得：

$$a - b\cos\gamma = c\cos\beta$$
$$b - a\cos\gamma = c\cos\alpha$$
$$a\sin\gamma = c\sin\alpha$$

故

$$\frac{\partial c'}{\partial a} = \cos\beta$$
$$\frac{\partial c'}{\partial b} = \cos\alpha$$
$$\frac{\partial c'}{\partial\gamma} = b\sin\alpha$$

将上述各值代入式(3-20)，得：

$$m_{c'}^2 = m_a^2\cos^2\beta + m_b^2\cos^2\alpha + \frac{m_\gamma^2}{\rho^2}b^2\sin^2\alpha$$

当连接三角形呈延伸型时，$\cos\alpha \approx 1$，$\cos\beta \approx -1$，代入上式，得：

$$m_{c'}^2 = m_a^2 + m_b^2 + \frac{m_\gamma^2}{\rho^2}b^2\sin^2\alpha$$

将上式代入式(3-19)，得：

$$m_d^2 = m_c^2 + m_a^2 + m_b^2 + \frac{m_\gamma^2}{\rho^2}b^2\sin^2\alpha \qquad (3\text{-}21)$$

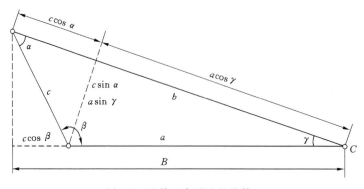

图 3-7　连接三角形边长换算

可以看出:公式中等号右端三项为量边测量误差对差数 d 的影响,最后一项为 γ 角测角误差的影响。按《煤炭测量规程》规定,设 $\alpha = 2°$,$m_\gamma = 6''$,$b = 10$ m,现计算测角误差对 d 的影响:

$$\frac{m_\gamma}{\rho} b \sin \alpha = \frac{6}{206\ 265} \times 10 \times 10^3 \sin 2° = 0.01 \text{（mm）}$$

计算表明,测角误差对差值 d 的影响甚微。因为在延伸三角形中,$\sin \alpha \approx 0$,所以测角误差的影响无法反映出来。因此,这种检查方法只能检查量边的正确性,而不能检查测角的正确性。

因为 $\frac{m_\gamma}{\rho} b \sin \gamma \approx 0$,将其代入式(3-21),得:

$$m_d^2 = m_c^2 + m_a^2 + m_b^2$$

令 $m_c = m_a = m_b = m_1$,则:

$$m_d = \pm \sqrt{3}\, m_1$$

取 $m_1 = 0.5$ mm,$m_d = \pm \sqrt{3} \times 0.5 = \pm 0.87$ mm,则:

$$d = m_d = 2 m_{d允} = \pm 1.73 \text{ mm}$$

取整得:

$$d_允 = \pm 2 \text{ mm}$$

因此《煤炭测量规程》规定,两垂球线间距离丈量值与计算值之差,井上连接三角形不得超过 2 mm,在井下连接三角形不得超过 4 mm。

② 三角形内角和检查的可靠性

一井定向内业计算时,还有一项检核是观测角 γ 和计算角 α、β 之和应等于180°,即:

$$S = \alpha + \beta + \gamma$$

其中,计算角 α、β 按下式计算:

$$\sin \alpha = \frac{a}{c} \sin \gamma ; \sin \beta = \frac{b}{c} \sin \gamma$$

故

$$m_s^2 = \left(\frac{\partial S}{\partial a}\right)^2 m_a^2 \rho^2 + \left(\frac{\partial S}{\partial b}\right)^2 m_b^2 \rho^2 + \left(\frac{\partial S}{\partial c}\right)^2 m_c^2 \rho^2 + \left(\frac{\partial S}{\partial \gamma}\right)^2 m_\gamma^2 \tag{3-22}$$

式中,各偏导数之值为:

$$\frac{\partial S}{\partial a} = \frac{\sin \gamma}{c \cos \alpha} ; \frac{\partial S}{\partial b} = \frac{\sin \gamma}{c \cos \beta} ; \frac{\partial S}{\partial c} = -\frac{a \sin \gamma}{c^2 \cos \alpha} - \frac{b \sin \gamma}{c^2 \cos \beta}$$

以 $\sin \gamma = \frac{c}{a} \sin \alpha$ 代入整理后,得:

$$\frac{\partial S}{\partial c} = -\frac{1}{c} \frac{\sin \gamma}{\cos \alpha \cos \beta}$$

$$\frac{\partial S}{\partial \gamma} = \frac{a}{c} \frac{\cos \gamma}{\cos \alpha} + \frac{b}{c} \frac{\cos \gamma}{\cos \beta} + 1$$

$$= \frac{\sin \alpha}{\sin \gamma} \frac{\cos \gamma}{\cos \alpha} + \frac{\sin \beta}{\sin \gamma} \frac{\cos \gamma}{\cos \beta} + 1$$

$$= \tan \alpha \tan \beta$$

将各偏导数代入式(3-22)中,并考虑到实际布设连接三角形时 $\cos \alpha \approx 1$、$\cos \beta \approx -1$,则:

$$m_s^2 = \left(\rho \frac{\sin \gamma}{c}\right)^2 (m_a^2 + m_b^2 + m_c^2) + (\tan \alpha \tan \beta)^2 m_\gamma^2 \tag{3-23}$$

令 $m_a = m_b = m_c = m_1$，则：

$$m_s^2 = 3\left(\rho \frac{\sin \gamma}{c}\right)^2 m_1^2 + (\tan \alpha \tan \beta)^2 m_\gamma^2 \tag{3-24}$$

上式等号右端第一项为量边误差对三角形内角和的影响，而第二项则为测角误差的影响。《煤矿测量规程》规定，井上、下连接三角形的图形应布设成 γ 小于 2° 的延伸三角形，即 $\alpha \approx \gamma < 2°, \beta \geqslant 178°$。此时，应有 $\sin \gamma = 0$，$\tan \alpha \approx \tan \beta \approx 0$，代入式(3-24)得 $m_s \approx 0$，即测角、量边误差对延伸三角形内角和无明显影响。实际上，因为 $\alpha、\beta$ 是通过观测值 $\gamma、a、b、c$ 按正弦公式计算求得的，在一般情况下，理论上应自行闭合，如有闭合差也是因为采用简易平差方法和计算误差造成的。所以利用内角和不能检查测角、量边的正确性，但可以检查计算的正确性。为此，《煤矿测量规程》规定，在连接点 C 和 C' 处测角时采用全圆方向观测法，以有效地减弱各种误差的影响，保证观测结果的必要精度。

根据上述分析，可得出如下结论：

① 比较两垂球线间距离的丈量值与计算值的检查方法，只能检查量边的正确性，不能检测测角的正确性。

② 观测角 γ 和计算角 $\alpha、\beta$ 三内角和的检查方法，不能检查 γ 角的测量正确性，但能检查计算的正确性。因此在连接点 C 处，应测量 $\gamma、\varphi$ 及 Ψ 这 3 个角以资检核。

③ 当三角形为延伸三角形时，内角和不能检查量边的正确性，但对于不是延伸三角形的情况，可以检查量边的粗差。

（5）估算实例

某矿井上、下连接方案如图3-5所示，试预计用三角形连接法进行一井定向时的定向总误差。定向测量采用 J_2 光学经纬仪测角。根据《煤矿测量规程》及有关资料分析，取测角中误差 $m_{\beta上} = \pm 5.0''$、$m_{\beta下} = \pm 7.0''$，测角方法误差 $m_i = \pm 2.5''$。连接点 C 的仪器对中误差 e_T 及 D 点的觇标对中误差 e_D 均为 0.6 mm，自近井点至 C 点的地面连接站数为 3。井下连接点 C' 位于高度为 3.5 m 巷道的顶板，井下仪器及觇标对中误差 $e_{T'} = e_{D'} = 1$ mm，井深 200 m，马头门处巷道高度 $h = 6$ m，钢丝直径为 0.8 mm，垂球质量 $Q = 70$ kg。

根据井上下连接三角形测量得：

$\gamma = 0°30'00'', b = 6.400$ m, $a = 10.700$ m, $c = 6.000$ m, $d = 43.000$ m,

$\gamma' = 1°10'00'' b' = 10.900$ m, $a' = 5.400$ m, $c' = 6.000$ m, $d' = 21.000$ m

试估算井下定向边 $D'E'$ 的定向总误差。

$D'E'$ 的方位角为：

$$\alpha_{D'E'} = \alpha_{DC} + \varphi - \alpha + \beta' + \varphi' + \delta' \pm 5 \times 180°$$

则定向边方位角中误差为：

$$m_{\alpha_{D'E'}} = \pm\sqrt{m_{\alpha_{DC}}^2 + m_\varphi^2 + m_a^2 + m_{\beta'}^2 + m_{\varphi'}^2 + m_{\delta'}^2 + \theta^2}$$

下面依次计算定向测量中各项误差。

① 求 DC 边的方位角中误差 $m_{\alpha_{DC}}$

地面连接导线终边 DC 的方位角中误差按支导线误差公式计算：

$$m_{\alpha_{DC}} = \pm m_{\beta上}\sqrt{n} = \pm 5.0\sqrt{3} = \pm 8.7''$$

② 求连接角中误差 m_φ 及 $m_{\varphi'}$

（a）测站 C 处的对中误差包括 C 点的仪器对中误差及 D 点的觇标对中误差，即：

$$m_C = \pm \frac{e_T}{d}\rho = \pm \frac{0.000\,6}{43} \times 206\,265 = \pm 2.9''$$

（b）测站 C' 处的对中误差：

$$m_{C'} = \pm \frac{e_{D'}}{d}\rho = \pm \frac{0.001}{21} \times 206\,265 = \pm 9.8''$$

（c）连接角中误差 m_φ 及 $m_{\varphi'}$ ：

$$m_\varphi = \pm \sqrt{m_i^2 + m_C^2} = \pm \sqrt{2.5^2 + 2.9^2} = \pm 3.8''$$

$$m_{\varphi'} = \pm \sqrt{m_i^2 + m_{C'}^2} = \pm \sqrt{2.5^2 + 9.8^2} = \pm 10.1''$$

③ 求计算角中误差 m_a 和 $m_{a'}$

根据设计，井上下连接三角形均是延伸型，有：

$$m_a = \pm \frac{a}{c}m_\gamma = \pm \frac{10.7}{6.0} \times 2.5 = \pm 4.5''$$

$$m_{a'} = \pm \frac{a'}{c}m_\gamma = \pm \frac{5.4}{6.0} \times 2.5 = \pm 2.3''$$

这里 m_γ 取 2.5″，因为观测 γ 角时，照准点是两垂球线，无觇标对中误差，而观测值 γ、a、b 也都是根据安置在 C 点处仪器中心测得的，所以 C 点处仪器对中误差对观测值及三角形解算无影响，故 $m_\gamma = m_i$ 。

④ 求井上、下连接误差

$$m_上 = \pm \sqrt{m_{aDC}^2 + m_\varphi^2 + m_a^2} = \pm \sqrt{8.7^2 + 3.8^2 + 4.5^2} = \pm 10.5''$$

$$m_下 = \pm \sqrt{m_{a'}^2 + m_{\varphi'}^2 + m_{\beta下}^2} = \pm \sqrt{2.3^2 + 10.1^2 + 7.0^2} = \pm 12.5''$$

⑤ 投向误差

因为井深小于 300 m，根据井筒具体条件和风速大小，取投点误差 $e = 1.0$ mm ，则：

$$\theta = \pm \frac{e}{c}\rho = \frac{0.001}{6.0} \times 206\,265 = \pm 34.4''$$

⑥ 定向总误差

$$m_{aD'E'} = \pm \sqrt{m_上^2 + m_下^2 + \theta^2} = \pm \sqrt{10.5^2 + 12.5^2 + 34.42^2} = \pm 38.1''$$

按《煤矿测量规程》要求，一次定向中误差为 ±42″，所以该一井定向方案是可行的。定向结束后，可根据实测资料，按上述方法对定向结果进行精度评定。

3.4　两井定向

当一个地下工程有两个立井，且在定向水平有巷道相通，并能进行导线测量时，就可以采用两井几何定向。两井定向就是在两个立井中各挂一根垂线，如图 3-8 所示，然后在地面和井下定向水平用导线测量的方法把两根垂线连接起来，从而把地面坐标系统中的平面坐标和方位传递到井下。两井定向时，由于两垂球线间的距离大大增加，故由投点误差引起的投向误差大大减小。当两垂球线间距离 $c = 30$ m（一般两井筒间的最短距离大于 30 m），设 $e = 1$ mm ，则：

$$\theta'' = \pm \frac{1}{30\ 000} \times 206\ 265'' = \pm 6.9''$$

井下起始方位角的精度也随之提高,这就是两井定向的最大优点。所以,凡有条件的地下工程,在选择定向测量方案时,应首先考虑用两井定向。

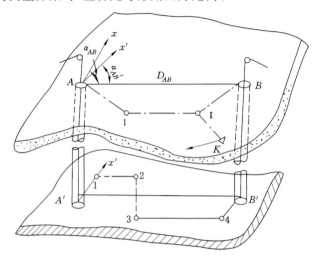

图 3-8　两井定向示意图

3.4.1　两井定向的外业工作

3.4.1.1　投点

在两立井内各悬挂一根垂球线,投点的方法与一井定向相同,但因两井定向投点误差对方位角的影响小,投点精度要求较低,而且每个井筒上悬挂钢丝,所以投点工作比一井定向简单且占用井筒时间短。

3.4.1.2　连接

（1）地面连接测量

从近井点 K 分别向两垂球线 A、B 测设连接导线 $K-Ⅱ-Ⅰ-A$ 及 $K-Ⅱ-B$,以确定 A、B 两点的坐标和 AB 边的坐标方位角。连接导线敷设时,应使其具有最短的长度并尽可能沿两垂球线连线的方向延伸,因为此时量边误差对连线的方向不产生影响。导线可采用一级或二级导线。

（2）井下连接测量

在井下定向水平,测设经纬仪导线 $A'-1-2-3-4-B'$,导线可采用 $7''$ 或 $15''$ 基本控制导线。

3.4.2　两井定向的内业计算

3.4.2.1　根据地面连接的结果计算两垂球线的方位角及长度

计算出地面两垂球线 A、B 的坐标 x_A、y_A、x_B、y_B,根据计算的坐标,计算 AB 的方位角及长度:

$$\alpha_{AB} = \arctan \frac{y_B - y_A}{x_B - x_A}$$

$$c = \frac{y_B - y_A}{\sin \alpha_{AB}} = \frac{x_B - x_A}{\cos \alpha_{AB}} = \sqrt{\Delta x_{AB}^2 + \Delta y_{AB}^2} \tag{3-25}$$

3.4.2.2　根据假定坐标系统计算井下连接导线

设 A 为假定坐标原点，$A1$ 边为 x' 轴方向，即 x'_A，$y'_B = 0$，$\alpha'_{A1} = 0°00'00''$。计算井下导线各点在此假定坐标系中的坐标，设计算出 B' 点的坐标为 (x'_B, y'_B)，则 AB 在假定坐标系中的方位角和长度为：

$$\alpha'_{AB} = \arctan\left(\frac{y'_B}{x'_B}\right)$$

$$c' = \frac{y'_B}{\sin \alpha'_{AB}} = \frac{x'_B}{\cos \alpha'_{AB}} = \sqrt{(x'_B)^2 + (y'_B)^2} \tag{3-26}$$

3.4.2.3　测量和计算的检验

用井上与井下算得的两垂线间距离 c 和 c' 进行检查。由于两垂球的向地心性，差值 Δc 为：

$$\Delta c = c - \left(c' + \frac{H}{R}c\right) \tag{3-27}$$

式中　H——井筒深度；

　　　R——地球的曲率半径。

Δc 应不超过井上、下连接测量中误差的两倍。

3.4.2.4　按地面坐标系统计算井下导线各边的方位角及各点的坐标

根据图 3-8 可知，井下起始边在地面坐标系中的方位角为：

$$\alpha_{A1} = \alpha_{AB} - \alpha'_{AB} = \Delta \alpha \tag{3-28}$$

根据起算数据 x_A、y_A、α_{A1} 与井下导线的测量数据重新计算井下连接导线点的坐标。将地面与井下求得的 B 点坐标相比较，如果其相对闭合差符合井下所采用连接导线的精度时，可将坐标增量闭合差按井下连接导线边长成比例反号加以分配，因地面连接导线精度较高，可不加改正。

两井定向应独立进行两次，两次求得的井下起始边方位角之差不得超过 $1'$，然后取两次独立定向计算结果的平均值作为两井定向井下连接导线的最终值。

3.4.3　精度分析

3.4.3.1　两井定向限差要求

两井定向是在井下有巷道相通的两个井筒内各下放一根垂球线，在地上和井下敷设连接导线与两垂球连接，以达到传递方位角和平面坐标的目的。因此，两井定向和一井定向一样，是由投点、井上连接和井下连接三部分组成。井下连接导线某一边的方位角总误差为：

$$M_{\alpha_0} = \pm \sqrt{m_{\text{上}}^2 + m_{\text{下}}^2 + \theta^2} \tag{3-29}$$

式中　$m_{\text{上}}$——地面连接误差；

　　　$m_{\text{下}}$——井下连接误差；

　　　θ——投向误差。

两井定向因垂球线间的距离 c 较一井定向时要大得多，投向误差对定向精度的影响就不像一井定向那样起主要作用了。

《煤矿测量规程》规定,两井两次独立定向所得井下定向边的方位角之差,不应超过 $\pm 1'$,则一次定向的中误差为:

$$M_{a_0} = \pm \frac{60''}{2\sqrt{2}} = \pm 21.2''$$

由于投向误差和井上、下连接误差相比对定向总误差的影响甚小,可以忽略不计,并认为井上、下连接误差大致相等,则:

$$m_上 = m_下 = \pm \frac{21.2''}{\sqrt{2}} = \pm 15''$$

3.4.3.2 两井定向的误差

下面分别对井上、下连接误差 $m_上$ 和 $m_下$ 进行分析。

(1) 地面连接误差

采用两井定向时,井下连接导线某一边方位角的计算式为:

$$\alpha_i = \alpha_{AB} - \alpha'_{AB} + \alpha'_i \qquad (3-30)$$

式中　α_{AB} ——两垂球线连线在地面坐标系中的方位角;

　　　α'_{AB} ——两垂球线连线在井下假定坐标系中的方位角;

　　　α'_i ——该边在假定坐标系中的假定方位角。

两井定向的地面连接,可根据两井距离的远近和地面控制点的布设情况,采用两种不同的方案,现就其连接误差分述如下。

① 由一个近井点向两垂球线敷设连接导线方案的连接误差

如图 3-9 所示,T 点为近井点,由近井点向两垂球线敷设的连接导线包括由近井点到节点 Ⅱ 和由节点 Ⅱ 到两垂球线两部分。此时,地面连接导线测量误差是由这两部分导线测量误差引起的。为简便起见,设 AB 连线方向为 y 轴,垂直于 AB 方向为 x 轴,则:

$$m_上 = m_{aAB} = \pm \sqrt{\frac{\rho^2}{c^2}(m_{xA}^2 + m_{xB}^2) + nm_\beta^2} \qquad (3-31)$$

式中　m_β ——由近井点到节点间导线的测角中误差;

　　　c ——两垂球线间的距离;

　　　m_{xA} ——由节点 Ⅱ 到垂球 A 间所测支导线误差引起的 A 点在 x 轴方向的位置误差;

　　　m_{xB} ——由节点 Ⅱ 到垂球 B 间所测支导线误差引起的 B 点在 x 轴方向的位置误差;

　　　n ——由近井点到节点的导线测角数(不含节点,图 3-9 中 $n=2$,当近井点就是节点时 $n=0$)。

式(3-31)中:

$$m_{xA} = \pm \sqrt{m_{xA\beta}^2 + m_{xAl}^2}$$

$$m_{xB} = \pm \sqrt{m_{xB\beta}^2 + m_{xBl}^2}$$

根据经纬仪支导线的误差公式可得:

$$m_{xA\beta} = \pm \frac{m_\beta}{\rho} \sqrt{\sum_{Ⅱ}^{A} R_{yAi}^2} \;; m_{xAl} = \pm \sqrt{\sum_{Ⅱ}^{A} m_{li}^2 \sin^2_{\varphi i}}$$

$$m_{xB\beta} = \pm \frac{m_\beta}{\rho} \sqrt{\sum_{Ⅱ}^{B} R_{yBi}^2} \;; m_{xBl} = \pm \sqrt{\sum_{Ⅱ}^{B} m_{li}^2 \sin^2_{\varphi i}}$$

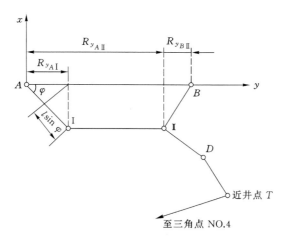

图 3-9　一个近井点的两井定向方案

式中　　R_{yA} ——由节点 Ⅱ 到垂球 A 间的导线各点到 A 的距离在 AB 连线上投影长度；

　　　　R_{yB} ——由节点 Ⅱ 到垂球 B 间的导线各点到 B 的距离在 AB 连线上投影长度；

　　　　φ_i ——各导线边与 AB 连线间的夹角。

在这种情况下，如果采用钢尺量边，量边的系统误差对方位角没有影响。所以，量边误差对点位的影响可以采用下式计算：

$$m_{xAl} = \pm a \sqrt{\sum_{\text{Ⅱ}}^{A} l_i \sin^2 \varphi} \; ; m_{xBl} = \pm a \sqrt{\sum_{\text{Ⅱ}}^{B} l_i \sin^2 \varphi}$$

式中　　a ——地面连接导线钢尺量边偶然误差系数；

　　　　l_i ——由节点到两垂球线的导线长。

② 分别由两个近井点向垂球线连接导线方案的连接误差

如图 3-10 所示，两个近井点为地面三角网任意两点，假定 AB 连线方向为 y 轴，垂直于 AB 方向为 x 轴，则：

$$m_{aAB} = \pm \frac{\rho}{c} \sqrt{m_{xA}^2 + m_{xB}^2} \tag{3-32}$$

式中　　m_{xA} ——由近井点 S 至垂球线 A 间所设的支导线测角量边误差及起始数据误差所引起的 A 点在 x 轴方向上的位置误差；

　　　　m_{xB} ——由近井点 T 至垂球线 B 间所设的支导线测角量边误差及起始数据误差所引起的 B 点在 x 轴方向上的位置误差。

当采用钢尺量距且近井点 S 和 T 位于 AB 线的同侧时，有：

$$m_{xA}^2 = m_{x_{a01}}^2 + m_{xS}^2 + \frac{m_\beta^2}{\rho^2} \sum_{S}^{A} R_{yAi}^2 + a^2 \sum_{S}^{A} l_i \sin^2 \varphi_i$$

$$m_{xB}^2 = m_{x_{a02}}^2 + m_{xT}^2 + \frac{m_\beta^2}{\rho^2} \sum_{T}^{B} R_{yBi}^2 + a^2 \sum_{T}^{B} l_i \sin^2 \varphi_i + b^2 \left[R_{(T-B)x} - R_{(S-A)x} \right]^2$$

当近井点 S 和 T 位于 AB 线的异侧时，有：

$$m_{xA}^2 = m_{x_{a01}}^2 + m_{xS}^2 + \frac{m_\beta^2}{\rho^2} \sum_{S}^{A} R_{yAi}^2 + a^2 \sum_{S}^{A} l_i \sin^2 \varphi_i$$

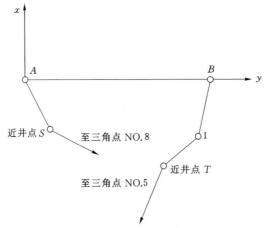

图 3-10　两个近井点的两井定向方案

$$m_{xB}^2 = m_{x_{a02}}^2 + m_{xT}^2 + \frac{m_\beta^2}{\rho^2}\sum_T^B R_{yBi}^2 + a^2\sum_T^B l_i\sin^2\varphi_i + b^2[R_{(T-B)x} + R_{(S-A)x}]^2$$

式中　　$m_{x_{a01}}$、$m_{x_{a02}}$ ——近井点 S、T 处的起始方位角中误差所引起的 A、B 垂球线在 x 轴上的误差；

　　　　m_{xS}、m_{xT} ——近井点 S、T 在 x 坐标轴上的误差,可按照相对点位误差椭圆来求算。

当采用光电测距时,有:

$$m_{xA}^2 = m_{x_{a01}}^2 + m_{xS}^2 + \frac{m_\beta^2}{\rho^2}\sum_S^A R_{yAi}^2 + \sum_S^A m_{l_i}^2\sin^2\varphi_i$$

$$m_{xB}^2 = m_{x_{a02}}^2 + m_{xT}^2 + \frac{m_\beta^2}{\rho^2}\sum_T^B R_{yBi}^2 + \sum_T^B m_{l_i}^2\sin^2\varphi_i$$

式中,m_{l_i} 为对应每个边的光电测距误差。

（2）井下连接误差

某矿井下连接导线如图 3-11 所示,此连接导线公测了 $n-1$ 个角度和 n 条边。井下连接误差是由此连接导线的测角量边引起的,如设井下第 i 边为定向边,则其方位角中误差为:

$$m_下^2 = m_{ai}^2 = m_{a\beta}^2 + m_{al}^2 \qquad (3-33)$$

式中,$m_{a\beta}$、m_{al} 分别为测角和量边误差引起的井下导线某边的方位角误差。

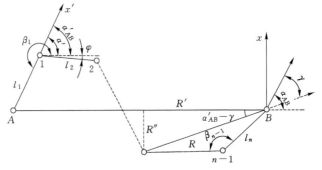

图 3-11　两井定向的井下连接导线

① 由井下导线测角误差引起的连接误差

由井下导线测角误差引起的导线边方位角误差为：

$$m_{\alpha\beta}^2 = \left(\frac{\partial\alpha}{\partial\beta_1}\right)^2 m_{\beta1}^2 + \left(\frac{\partial\alpha}{\partial\beta_2}\right)^2 m_{\beta2}^2 + \cdots + \left(\frac{\partial\alpha}{\partial\beta_{n-1}}\right)^2 m_{\beta n-1}^2 \tag{3-34}$$

由式(3-30)对井下导线的角度求偏导数,得：

$$\frac{\partial\alpha}{\partial\beta} = \frac{\partial\alpha_{AB}}{\partial\beta} - \frac{\partial\alpha'_{AB}}{\partial\beta} + \frac{\partial\alpha'}{\partial\beta} \tag{3-35}$$

因为方位角 α_{AB} 是由地面联系测量算得的,与井下导线角度观测值无关,所以 $\frac{\partial\alpha_{AB}}{\partial\beta} = 0$。

上式可写为：

$$\frac{\partial\alpha}{\partial\beta} = \frac{\partial\alpha'}{\partial\beta} - \frac{\partial\alpha'_{AB}}{\partial\beta} \tag{3-36}$$

由于井下导线各边的假定方位角 α' 是由不同个数的角度 β 计算得到的,因此对不同的边来说,其 $\frac{\partial\alpha'}{\partial\beta}$ 的值也不同。

将 α'_i 及 α'_{AB} 对 β 的偏导数值代入式(3-36),然后再代入式(3-34),即可得到不同边的方位角误差。经简化后,可以得出由井下导线测角误差所引起的不同边的连接误差计算公式：

$$\left. \begin{array}{l} m_{\alpha2\beta}^2 = \dfrac{m_\beta^2}{c^2}\left(R'^2_{1A} + \displaystyle\sum_2^{n-1} R'^2_B\right) \\[3mm] m_{\alpha3\beta}^2 = \dfrac{m_\beta^2}{c^2}\left(\displaystyle\sum_1^2 R'^2_A + \displaystyle\sum_3^{n-1} R'^2_B\right) \\[3mm] m_{\alpha i\beta}^2 = \dfrac{m_\beta^2}{c^2}\left(\displaystyle\sum_1^{i-1} R'^2_A + \displaystyle\sum_i^{n-1} R'^2_B\right) \end{array} \right\} \tag{3-37}$$

式中, R'_A 为由导线点 1、2、$\cdots$、$i-1$ 到垂球线 A 的距离在 AB 连线上的投影长度; R'_B 为由导线点 i、$i+1$、$\cdots$、$n-1$ 到垂球线 B 的距离在 AB 连线上的投影长度,如图 3-12 所示。

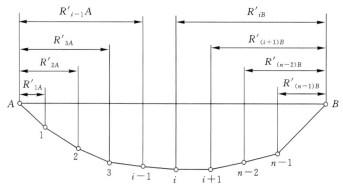

图 3-12 由测角误差引起井下导线边坐标方位角误差的简化计算

② 由井下导线量边误差所引起的连接误差

由井下导线量边误差所引起的连接误差为：

$$m_{al}^2 = \left(\frac{\partial \alpha}{\partial l_1}\right)^2 m_{l_1}^2 \rho^2 + \left(\frac{\partial \alpha}{\partial l_2}\right)^2 m_{l_2}^2 \rho^2 + \cdots + \left(\frac{\partial \alpha}{\partial l_n}\right)^2 m_{l_n}^2 \rho^2 \qquad (3\text{-}38)$$

因

$$\alpha = \alpha_{AB} - \alpha'_{AB} + \alpha'$$

则

$$\frac{\partial \alpha}{\partial l} = \frac{\partial \alpha_{AB}}{\partial l} - \frac{\partial \alpha'_{AB}}{\partial l} + \frac{\partial \alpha'}{\partial l}$$

此式中 α_{AB} 和 α' 均与井下量边无关，有 $\dfrac{\partial \alpha_{AB}}{\partial l_i} = \dfrac{\partial \alpha'}{\partial l_i} = 0$，因此：

$$\frac{\partial \alpha}{\partial l} = -\frac{\partial \alpha'_{AB}}{\partial l}$$

求算偏导数，并将各偏导数代入式(3-38)中，得：

$$m_{al}^2 = \frac{\rho^2}{c^2}(\sin^2 \varphi_1 m_{l_1}^2 + \sin^2 \varphi_2 m_{l_2}^2 + \cdots + \sin^2 \varphi_n m_{l_n}^2)$$

$$= \frac{\rho^2}{c^2} \sum_{i=1}^{n} (\sin^2 \varphi_i m_{l_i}^2)$$

当采用钢尺量边时，量边的系统误差对导线边方位角没有影响，则上式可写为：

$$m_{al}^2 = \frac{\rho^2 a^2}{c^2} \sum_{i=1}^{n} l_i \sin^2 \varphi_i$$

或

$$m_{al} = \pm \frac{\rho a}{c} \sqrt{\sum_{i=1}^{n} l_i \sin^2 \varphi_i} \qquad (3\text{-}39)$$

③ 由井下导线测角量边误差所引起的各边的连接总误差

第二边的井下连接误差为：

$$m_{a2} = \pm \sqrt{m_{a2\beta}^2 + m_{al}^2} \qquad (3\text{-}40)$$

第三边的井下连接误差为：

$$m_{a3} = \pm \sqrt{m_{a3\beta}^2 + m_{al}^2} \qquad (3\text{-}41)$$

以此类推，第 i 边的井下连接误差为：

$$m_{ai} = \pm \sqrt{m_{ai\beta}^2 + m_{al}^2} \qquad (3\text{-}42)$$

(3) 井下用等边直伸型导线连接时的误差

前面所推导的公式，可以用于任何形状的导线。对于等边直伸型导线，误差计算公式可以简化。设：

$$l_1 = l_2 = \cdots = l_n = l$$
$$\beta_1 = \beta_2 = \cdots = \beta_{n-1} = 180°$$

由于各导线边与两垂球线 AB 重合，即 $\varphi = 0$，故井下量边误差对各边方位角均无影响。因此，下面仅就测角误差对各边方位角的影响进行分析。

由上面假设可知：

$$c = nl; \quad R'_1 = (n-1)l; \quad R'_2 = (n-2)l; \quad \cdots; \quad R'_{n-1} = l$$

将以上各值代入式(3-37)中，得由测角误差引起的井下连接导线第 1、2、3 边方位角中误差为：

$$m_{\alpha 1\beta}^2 = \frac{m_\beta^2}{n^2 l^2}\big[(n-1)^2 l^2 + (n-2)^2 l^2 + \cdots + l^2\big]$$

$$= \frac{(n-1)(2n-1)}{6n} m_\beta^2$$

$$m_{\alpha 2\beta}^2 = m_{\alpha 1\beta}^2 + \Big[1 - \frac{2(n-1)}{n}\Big]m_\beta^2 = m_{\alpha 1\beta}^2 - \frac{n-2}{n} m_\beta^2$$

$$m_{\alpha 3\beta}^2 = m_{\alpha 1\beta}^2 - \frac{2(n-3)}{n} m_\beta^2$$

同理,最终边的方位角误差为:

$$m_{\alpha n\beta}^2 = m_{\alpha 1\beta}^2 + \Big[(n-1) - \frac{2(R'_1 + R'_2 + \cdots + R'_{n-1})}{nl}\Big]m_\beta^2$$

式中, $R'_1 + R'_2 + \cdots + R'_{n-1} = (n-1)l + (n-2)l + \cdots + l = \frac{n(n-1)l}{2}$ 。

整理后得:

$$m_{\alpha n\beta}^2 = m_{\alpha 1\beta}^2$$

由此可知,由井下连接导线测角误差引起的最终边方位角的误差与第一边的方位角误差相等。现举例说明等边直伸导线各边方位角误差。设 $n=7$, $m_\beta = \pm 7''$,对于直伸连接导线,各边方位角误差按上述公式计算列入表 3-4。

表 3-4　直伸型导线各边方位角误差

边号	1	2	3	4
公式	$\dfrac{(n-1)(2n-1)}{6n}m_\beta^2$	$m_{\alpha 1\beta}^2 - \dfrac{n-2}{n}m_\beta^2$	$m_{\alpha 1\beta}^2 - \dfrac{2(n-3)}{n}m_\beta^2$	$m_{\alpha 1\beta}^2 - \dfrac{3(n-4)}{n}m_\beta^2$
$m_{\alpha 1\beta}$	$\pm 5.3''$	$\pm 7.5''$	$\pm 5.9''$	$\pm 5.3''$

边号	5	6	7
公式	$m_{\alpha 1\beta}^2 - \dfrac{4(n-5)}{n}m_\beta^2$	$m_{\alpha 1\beta}^2 - \dfrac{5(n-6)}{n}m_\beta^2$	$m_{\alpha 1\beta}^2 - \dfrac{6(n-7)}{n}m_\beta^2$
$m_{\alpha 1\beta}$	$\pm 5.9''$	$\pm 7.5''$	$\pm 9.5''$

由表 3-4 所列数值可以看出,用等边直伸型导线作井下连接时,各边的连接误差以起始边和最终边为最大。由两端向中间,各边方位角的误差呈对称分布并依次减小,中间边最小。但对井下非直伸型导线来说,在一定程度上也存在着上述的误差分布规律,只是各边方位角误差呈非对称分布而已。

（4）井上下两垂球间距离的容许差值

在两井定向中,两垂球线之间的距离是由坐标反算得来的。根据地面连接所算得的距离 c 同井下连接按假定坐标系所算得的距离 c' 加上改正数 $\frac{H}{R}c$ 后,在理论上应相等,这是两井定向中测量和计算正确性的一个检验。《煤矿测量规程》规定:两井定向所计算的井上、下两垂球线距离之差,经投影改正后,应不超过井上、下连接测量中误差的两倍。在实际计算时,可忽略投点误差的影响。设其差值为 f_c ,则:

$$f_c = c - \left(c' + \frac{H}{R}c\right)$$

而 $f_{c\text{允}} \leqslant \pm \sqrt{\dfrac{m_{\beta\text{上}}^2}{\rho^2}\sum_A^B R_{x\text{上}}^2 + a_{\text{上}}^2 \sum_A^B l_{i\text{上}} \cos^2\varphi_{i\text{上}} + \dfrac{m_{\beta\text{下}}^2}{\rho^2}\sum_A^B R_{x\text{下}}^2 + a_{\text{下}}^2 \sum_A^B l_{i\text{下}} \cos^2\varphi_{i\text{下}} + b_{\text{上}}^2 c^2 + b_{\text{下}}^2 c^2}$$

$$(3\text{-}43)$$

式中 $m_{\beta\text{上}}$、$m_{\beta\text{下}}$ ——井上、下连接导线的测角中误差；

$R_{x\text{上}}$、$R_{x\text{下}}$ ——地面、井下连接导线各点（不含近井点至节点的导线）到 AB 连线的垂直距离；

$l_{i\text{上}}$、$l_{i\text{下}}$ ——井上、下连接导线边长，它与 AB 连线间的夹角为 $\varphi_{i\text{上}}$、$\varphi_{i\text{下}}$；

$a_{\text{上}}$、$a_{\text{下}}$、$b_{\text{上}}$、$b_{\text{下}}$ ——丈量井上、下连接导线边长时的偶然误差系数和系统误差系数。

若地面采用一级导线，井下采用 $7''$ 级导线施测，则导线全长相对闭合差分别不超过 $1/10\,000$ 和 $1/8\,000$。此差值的容许值也可按下式估算：

$$f_{c\text{允}} \leqslant [l]\sqrt{\left(\frac{1}{10\,000}\right)^2 + \left(\frac{1}{8\,000}\right)^2} \approx \frac{1}{6\,000}[l] \tag{3-44}$$

式中，$[l]$ 为井下连接导线的总长度。

（5）估算实例

淮南某矿井上、下连接方案如图 3-13 所示，试计算两井定向的误差。地面由定向点"九矿"开始敷设精密导线到节点 II，再敷设 II－A 和 II－III－B 导线与两垂球线连接。根据地面实际资料求得的测角中误差 $m_{\beta\text{上}} = \pm 4''$，量边偶然误差系数 $a_{\text{上}} = 0.000\,4$，量边系统误差系数 $b_{\text{上}} = 0.000\,05$。在井下沿巷道敷设 $7''$ 级连接导线 $A-1-2-3-4-5-B$，按井下实测资料求得的测角中误差 $m_{\beta\text{下}} = \pm 6''$，量边偶然误差系数 $a_{\text{下}} = 0.000\,4$，量边系统误差系数 $b_{\text{下}} = 0.000\,05$，两井间距 $c = 66$ m，井深 492 m，投点误差 $e = 1$ mm。

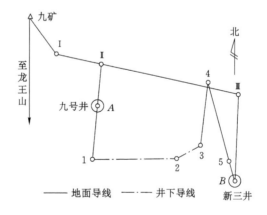

图 3-13 两井定向误差计算

现根据上述原始数据及设计图，计算井下导线起始边方位角误差。

① 地面连接误差

$$m_{\text{上}} = m_{aAB} = \pm \sqrt{\frac{m_{\beta\text{上}}^2}{c^2}\sum R_{yi}^2 + \frac{\rho^2 a_{\text{上}}^2}{c^2}\sum l_i \sin^2\varphi_i + nm_{\beta\text{上}}^2}$$

其中，R_{yi}、$l_i \sin^2 \varphi$ 等的值从大比例图上量取，列入表 3-5 中。

表 3-5　R_{yi}、R_{xi}、$l_i \sin^2 \varphi$、$l_i \cos^2 \varphi$ 计算表

段	R_{yi}	R_{yi}^2	R_{xi}	R_{xi}^2	边	$l_i \sin^2 \varphi$	$l_i \cos^2 \varphi$	l_i
Ⅱ—A	6	36	7.5	56.2	Ⅱ—A	6	3	9
Ⅱ—B	72	5 184	7.5	56.2	Ⅱ—B	4.5	58.5	63
Ⅲ—B	11	121	23	529	Ⅲ—B	21.5	4	25.5
Σ		5 341		641.4	Σ	32	65.5	97.5

将表 3-5 中数值代入上式，得：

$$m_{上} = m_{\alpha AB} = \pm \sqrt{\frac{4^2 \times 5\ 341}{66^2} + \frac{206\ 265^2 \times 16 \times 10^{-8} \times 32}{66^2} + 2 \times 4^2} = \pm 10.1''$$

② 投向误差

$$\theta = \pm \frac{e}{c}\rho = \pm \frac{0.001}{66} \times 206\ 265 = \pm 3.1''$$

③ 井下连接误差

井下导线测角和量边误差引起的方位角误差，分别按下式计算：

$$m_{\alpha i\beta} = \pm \frac{m_{\beta 下}}{c} \sqrt{\sum_i^{i-1} R_{yiA}^2 + \sum_i^{n-1} R_{yiB}^2}$$

$$m_{al} = \pm \frac{a\rho}{c} \sqrt{\sum l_i \sin^2 \varphi}$$

将上式中所需数值从大比例尺图上量取，并通过计算，将数值之和列入表 3-6 和表 3-7 中。

表 3-6　$\sum\limits_i^{i-1} R_{yiA}^2 + \sum\limits_i^{n-1} R_{yiB}^2$ 计算表

i	1	2	3	4	5
$\sum\limits_i^{i-1} R_{yiA}^2 + \sum\limits_i^{n-1} R_{yiB}^2$	1 523.6	2 447.6	4 675.4	6 105.2	1 030.4

表 3-7　$l_i \sin^2 \varphi$、$l_i \cos^2 \varphi$、l_i 计算表

边号	$l_i \sin^2 \varphi$	$l_i \cos^2 \varphi$	l_i
A—1	14.5	1.5	16
1—2	5	33	38
2—3	7.5	6.5	14
3—4	15.5	1.5	17
4—5	7.5	12	1.5
5—B	10.5	3.5	14
Σ	60.5	58	118.5

（a）由井下导线测角和量边误差引起的 1—2 边的方位角误差和量边误差分别为：

$$m_{\alpha(1-2)\beta} = \pm \frac{6}{66}\sqrt{1\,523.6} = \pm 3.5''$$

$$m_{\alpha l} = \pm \frac{206\,265 \times 4 \times 10^{-4}}{66}\sqrt{60.5} = \pm 9.7''$$

井下 1—2 边的方位角总误差为：

$$m_{\alpha 1-2} = \pm \sqrt{3.5^2 + 9.7^2} = \pm 10.3''$$

（b）由井下导线测角误差引起的 2—3 边的方位角误差为：

$$m_{\alpha(2-3)\beta} = \pm \frac{6}{66}\sqrt{2\,447.6} = \pm 4.5''$$

由井下量边误差所引起的方位角误差与 1—2 边相同。

井下 2—3 边的方位角总误差为：

$$m_{\alpha 2-3} = \pm \sqrt{4.5^2 + 9.7^2} = \pm 10.7''$$

（c）由井下导线测角误差引起的 3—4 边方位角误差为：

$$m_{\alpha(3-4)\beta} = \pm \frac{6}{66}\sqrt{4\,675.4} = \pm 6.2''$$

由井下量边误差所引起的方位角误差与 1—2 边相同。

井下 3—4 边的方位角总误差为：

$$m_{\alpha 3-4} = \pm \sqrt{6.2^2 + 9.7^2} = \pm 11.5''$$

（d）由井下导线测角误差引起的 4—5 边方位角误差为：

$$m_{\alpha(4-5)\beta} = \pm \frac{6}{66}\sqrt{6\,105.2} = \pm 7.1''$$

由井下量边误差所引起的方位角误差与 1—2 边相同。

井下 4—5 边的方位角总误差为：

$$m_{\alpha 4-5} = \pm \sqrt{7.1^2 + 9.7^2} = \pm 12.0''$$

④ 两井定向总误差

因 1—2 边的误差为最小，所以选用 1—2 边作为起始边，其总误差为：

$$M_{\alpha 0} = \pm \sqrt{m_{\alpha AB}^2 + \theta^2 + m_{\alpha(1-2)}^2} = \pm \sqrt{10.1^2 + 3.1^2 + 10.3^2} = \pm 14.8''$$

由以上预计可知，按设计方案所得井下起始方位角误差小于《煤矿测量规程》规定 20″ 的要求，故此方案可以采用。

⑤ 井上、下算得的两垂球线间距离的容许差值

$$\Delta f_c = \pm 2 \sqrt{\frac{m_{\beta\pm}^2}{\rho^2}\sum R_{x\pm(\perp AB)}^2 + a_{\pm}^2 \sum l_{i\pm}\cos^2\varphi_{i\pm} + \frac{m_{\beta\mathrm{F}}^2}{\rho^2}\sum R_{x\mathrm{F}(\perp AB)}^2 + a_{\mathrm{F}}^2 \sum l_{i\mathrm{F}}\cos^2\varphi_{i\mathrm{F}} + b_{\pm}^2 c^2 + b_{\mathrm{F}}^2 c^2}$$

式中的 R_{xi}、$l_i\cos^2\varphi_i$ 亦从设计图上量取，其值列于表 3-5、表 3-6、表 3-7 中。将各相应值代入上式得：

$$\Delta f_c = \pm 2 \sqrt{\frac{4^2}{206\,265^2} \times 641.4 + 16 \times 10^{-8} \times 65.5 + \frac{6^2}{206\,265^2} \times 1\,030.4 + 16 \times 10^{-8} \times 58 + 2 \times 25 \times 10^{-10} \times 66^2}$$

$$= \pm 0.013\,(\mathrm{m})$$

两井定向结束后,按《煤矿测量规程》规定,实际算得的 Δc 值应小于按上式计算出的 Δf_c 值。

3.5　陀螺经纬仪定向

陀螺是指高速旋转的刚体,陀螺仪是指用陀螺制成的仪器。陀螺经纬仪是将陀螺仪和经纬仪结合的仪器,由于它不受时间和环境的限制,同时观测简单方便、效率高,而且能保证较高的定向精度(一次测定方向中误差为 $\pm15''$),所以它是一种先进的定向仪器。陀螺经纬仪定向克服了几何定向法要占用井筒以致影响生产,且设备多,组织工作复杂,耗费大量人力、物力和时间等缺点。目前,陀螺经纬仪已广泛用于矿井联系测量和井下大型贯通测量的定向。

陀螺经纬仪可用于:

① 井下每一水平进行定向。

② 控制导线测量方向误差的积累,在导线测量工作中可以在适当地点加测一陀螺方位边,既可发现测量水平角的粗差,又可有效地减少方向误差的积累。

③ 地下工程大型巷道贯通定向。

④ 在荫蔽地区为线路、管道、隧道等工程的定向。

⑤ 与激光测距仪配套使用,可用极坐标法测设新点和敷设高精度的激光测距定向导线。

3.5.1　陀螺经纬仪工作原理

陀螺经纬仪是根据自由陀螺仪(在不受外力作用时,具有三个自由度)的原理制成的。自由陀螺仪具有两个基本特性:

① 定轴性:陀螺仪在不受外力作用时,它的方向始终指向初始恒定方向。

② 进动性:陀螺仪在受到外力作用时,将产生非常重要的进动效应。

自由陀螺仪的上述两个特征,可通过以下实验予以证明。

如图 3-14 所示为实验用杠杆陀螺仪,左端为一可转动的陀螺,右端为一可移动的悬重,当调节悬重的位置使杠杆水平时,可以看到陀螺转动后,其轴线的方向始终保持不变,即可验证陀螺的定轴性。当将悬重向左移动一小段距离,即相当于陀螺轴受到一个向下的作用力时,陀螺转动后,杠杆将保持水平,但将在水平面上做逆时针方向的转动;同理,将悬重右移一小段距离,即陀螺轴受到一个向上的作用力时,陀螺转动后,杠杆仍保持水平,但将

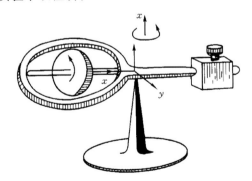

图 3-14　实验用杠杆陀螺仪

在水平面上做顺时针方向的转动,这样即可验证自由陀螺仪的进动性。

陀螺经纬仪是采用两个完全自由度和一个不完全自由度的钟摆式陀螺仪。它是根据上述陀螺仪的定轴性和进动性两个基本特性,并考虑陀螺仪对地球自转的相对运动,使陀螺轴

在测站子午线附近作连续不断的简谐摆动的原理而制成的,因而通过陀螺经纬仪简谐摆动的中心位置可以确定出测站点的子午线方向。

陀螺经纬仪是陀螺仪和经纬仪组合而成的定向仪器,根据其连接形式不同主要可分为上架式陀螺经纬仪和下架式陀螺经纬仪两大类。上架式陀螺经纬仪即陀螺仪安放在经纬仪之上,下架式陀螺经纬仪即陀螺仪安放在经纬仪之下。

现在常用的矿用陀螺经纬仪大都是上架式陀螺经纬仪,在国际上比较有代表性的有GAK-1、Gi-C$_{11}$、TK$_4$等,我国则有JT$_{15}$、FT90等。虽然在具体构造上各有特点,但在总体结构上却基本类似。这里以 WILD GAK-1 型陀螺经纬仪为例,说明陀螺经纬仪的基本结构。

WILD GAK-1 陀螺经纬仪是由陀螺仪、经纬仪、逆变器(带蓄电池)和三脚架组成,净重约 20 kg。如图 3-15 所示,WILD GAK-1 陀螺仪由摆动系统、支架系统和锁紧系统等组成。

摆动系统基本包括悬挂柱 5、陀螺 24、限幅盘 8。悬挂柱上有绝缘板 22、导流丝 21。光学指示系统 4 带有陀螺指标线和物镜,悬挂柱顶部为悬挂带下的固定钳形夹头 18。摆动部分由悬挂带 16 悬挂,该带用螺丝 15 固定到上下面钳形夹头上。上钳形夹头 14 可在其座里转动,用两个螺丝 1 固定,两个调节螺丝用以调整悬挂零位。

支架系统由三个柱体构成的框架柱 6 和一个烟囱式的延伸部分构成。烟囱顶部是悬挂带上钳形夹头。框架的底部有三条"V"形槽 11,和桥式支架 13 的球形头顶针 12 相配合,用以强制归心。在支架系统上的插座 19 可用电缆与逆变器连接,固定在框架上的绝缘板 20上面接有导流丝,三个反射棱镜也固定在框架上。在外壳 23 的下部有一凸起的短柱 25,内装分划板 26。分划板有刻度线,陀螺指标线无视差地投射在分划板上,其位置通过一个可摘下来的目镜 27 加以观测。分划板中部有"V"形缺口。陀螺仪装在经纬仪上,当陀螺指标线在"0"刻划线位置时,能保证陀螺轴 7 与望远镜视准轴在一个垂直面内。这个相对关系可通过横向移动分划板 26 加以调整,调整范围为 ±13′,调整是靠两个水平螺丝进行的。陀螺外壳内部有一层防磁层,防止外磁场影响。

锁紧装置 30 包括一个拌铃、一个带螺纹的导柱和一个锁紧盘 9。锁紧盘的作用是托起陀螺,锁紧时起到支撑归心的作用。锁紧盘有三个装在板式弹簧上的触头 29,当陀螺在半脱位置时,三个触头对限幅盘 8 摩擦来限制陀螺摆幅而达到限幅。在导柱上有一圈红带31,当陀螺放下时可以看见,警告陀螺没有锁紧,只有当看不见红带时,才表明陀螺已经锁紧,陀螺仪才可以从经纬仪上取下。

3.5.2 陀螺方位角测定过程

采用陀螺经纬仪测定待定边的陀螺方向角,可以按下述步骤进行。

3.5.2.1 安置陀螺经纬仪观测 $M_前$ 值

如图 3-16 所示,AB 为定向边,测量时,在 A 点安置陀螺经纬仪,照准 B 点,以两个镜位观测测线 AB 的方向值,$M_前$ 称测前方向值。

3.5.2.2 粗略定向

把经纬仪视准轴置于近似北方向,即为粗略定向。常用下述方法进行近似指北观测。

(1)两个逆转点法

在待定点上安置陀螺经纬仪,将经纬仪视准轴大致摆在北方向上,固定照准部,把水平微动螺旋调整到行程范围的中间位置。然后启动陀螺马达,达到额定转速后,下放陀螺灵敏

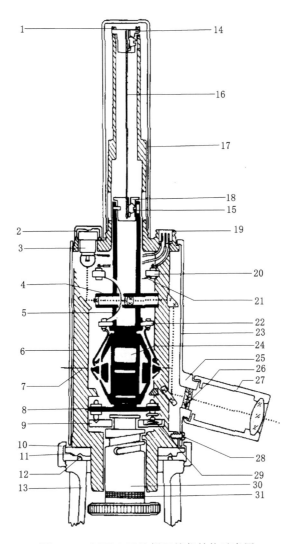

图 3-15　GAK-1 型陀螺经纬仪结构示意图

1——上钳形夹头的固定螺丝;2——灯头帽;3——灯泡座;4——光学指示系统;5——悬挂柱;

6——框架柱;7——陀螺轴;8——限幅盘;9——锁紧盘;10——陀螺仪与桥式支架的联结螺母;

11——"V"形槽;12——桥式支架的球形头顶针;13——桥式支架;14——悬挂带上的固定钳形夹头;

15——悬挂带固定螺丝;16——悬挂带;17——上部保护管;18——悬挂带下的固定钳形夹头;

19——连接逆变器的电缆插座;20、22——绝缘板;21——导流丝;23——外壳;24——陀螺;25——短柱凸块;

26——分划板;27——目镜筒;28——外壳固定螺丝;29——锁紧盘的触点;30——锁紧装置;31——警告红带

部,松开经纬仪水平制动螺旋,用手转动照准部跟踪灵敏部摆动,使陀螺仪目镜视场中移动着的光标像分划板零刻线随时重合。当摆动接近逆转点时光标像慢下来,此时制动照准部,改用水平微动螺旋继续跟踪,到达逆转点时,读取相应的水平读盘读数 μ_1,松开制动螺旋,依此方法继续跟踪,到达另一逆转点时,再读取水平读盘读数 μ_2,锁紧灵敏部,制动陀螺马达,按下式计算近似北方向在水平读盘上的读数:

$$N' = \frac{1}{2}(\mu_1 + \mu_2) \tag{3-45}$$

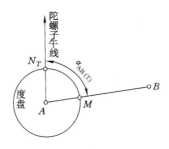

图 3-16 一测回测量陀螺方位角

旋转照准部,把望远镜摆在 N' 读数位置,这时望远镜视准轴就指向近似北方,指北精度可达到 $\pm 3'$。

（2）四分之一周期法

启动陀螺马达,达到额定转速后,下放陀螺灵敏部。用手转动照准部进行跟踪,让陀螺仪目镜分划板零刻线走在光标线的前面,光标线逐渐慢下来时（接近逆转点时）,固定照准部,停止跟踪。待光标像与分划板零刻线重合时,启动秒表,光标像继续向前移动,到达逆转点后又反向移动。当光标像再次与分划板零刻线重合时,读取秒表时间 t,此时不停秒表,用下式计算出时间 T':

$$T' = \frac{t}{2} + \frac{T_1}{4} \tag{3-46}$$

式中, T_1 为跟踪摆动周期,可使用该地区的观测值。

松开水平制动螺旋继续跟踪,使光标像与分划板零刻线始终重合,同时观测秒表读数。当跟踪到 T' 时刻,立即停止跟踪,这时望远镜视准轴就指向近似北方向,观测过程如图3-17所示。近似陀螺北偏离陀螺子午线的偏差应小于 $10'$。

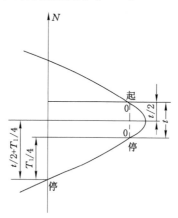

图 3-17 四分之一周期法

3.5.2.3 测前零位观测

零位是指陀螺马达不转时,陀螺灵敏部受悬挂带和导流丝扭力作用而引起的扭摆,其扭摆的平衡位置,就是扭力矩为零的位置。这个位置应在目镜分划板的零刻线上。如果悬挂带零位偏离分划板零刻线,即产生零位变动,势必会因扭力影响产生误差。悬挂带零位变动而引起的方向误差包括系统误差和偶然误差两部分,主要是系统误差的影响。零位变动系统误差部分可以通过零位改正加以补偿。若零位偏差过大,则应进行调整。

零位观测方法:下放陀螺灵敏部,观测目镜视场上光标像在分划板上的摆动,读取左右摆动逆转点在分划板上正负格数值,估读到 0.1 格,连续读出三个逆转点格数,观测过程如图 3-18 所示。

按下式计算零位:

$$\delta = \frac{1}{2}\left(\frac{a_1 + a_3}{2} + a_2\right) \tag{3-47}$$

式中,a_1、a_2、a_3 为逆转点读数,以格计。

同时还需要用秒表测定周期,即光标像穿过分划板零刻线的瞬间启动秒表,待光标像摆动一周又穿过零刻线的瞬间制动秒表,其读数为自由摆动周期 T_3。零位观测完毕,锁紧灵敏部,如悬挂带零位不超过 ±0.5 格,且自摆周期不变化,则不必进行零位改正和加零位改正数,否则应加以零位改正。

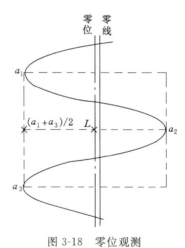

图 3-18　零位观测

3.5.2.4　精确确定 N_T 值

精确确定陀螺北方向值 N_T,称作精密定向,即陀螺经纬仪的视准轴指向子午线方向时的水平度盘读数。精密定向方法可以分为两大类:一类是仪器照准部处于跟踪状态,如逆转点法;另一类是仪器照准部固定不动,如中天法、时差法、摆幅法及计时摆幅法等。

3.5.2.5　测后零位观测

精密定向后再进行零位观测,称测后零位观测。测量方法同测前零位观测。测前、测后零位的互差,15″级仪器不大于 0.2 格。

3.5.2.6　观测 K 值

用经纬仪以一测回观测测线 AB 的方向值 $M_后$。测前和测后方向值的互差($M_前 - M_后$)对 DJ$_2$ 和 DJ$_6$ 经纬仪分别不得超过 $10''$ 和 $25''$。满足要求后计算测线方向值 $M = \frac{1}{2}(M_前 + M_后)$。然后按下式计算测线 AB 的陀螺方位角:

$$\alpha_{AB} = M - N_T \tag{3-48}$$

在一个测站上,按上述规定的观测步骤采用任何一种定向观测方法,测出一个陀螺方位角的全部过程称作"一测回"测量陀螺方位角。

3.5.3 陀螺北方向精确测定方法

3.5.3.1 逆转点法

采用逆转点法精确测定陀螺北方向是目前国内外广泛使用的一种精密定向的方法,其特点是仪器照准部始终处于跟踪状态,具体测定方法如下:

① 严格整置经纬仪,架上安放陀螺仪,以一个测回测定待定或已知测线的方向值,然后将仪器大致对准正北方向。

② 锁紧摆动系统,启动陀螺马达,待达到额定转速后,下放陀螺灵敏部,进行粗略定向。制动陀螺并托起锁紧,将望远镜视准轴转到近似北方位置,固定照准部。把水平微动螺旋调整到行程范围的中间位置。

③ 打开陀螺照明,下放陀螺灵敏部,进行测前悬带零位观测,同时用秒表记录自摆周期 T_3。零位观测完毕,托起并锁紧灵敏部。

④ 启动陀螺马达,达到额定转速后,缓慢地下放灵敏部到半脱离位置,稍停数秒钟,再全部下放。如果光标像移动过快,再使用半脱离阻尼限幅,使摆幅在 $1° \sim 3°$ 范围为宜。用水平微动螺旋调节照准部,让光标像与分划板零刻划线随时重合。跟踪要做到平稳和连续,切忌跟踪不及时,例如时而落后于灵敏部的摆动,时而又很快赶上或超前很多,这些情况都会影响结果的精度。在摆动到达逆转点时,连续读取 5 个逆转点读数 U_1、U_2、U_3、U_4、U_5,如图 3-19 所示。然后锁紧灵敏部,制动陀螺马达。

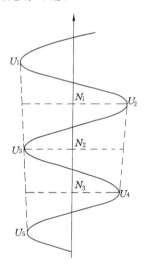

图 3-19　用逆转点法观测

跟踪时,还需用秒表测定连续两次同一方向经过逆转点的时间,称为跟踪摆动周期 T_1。摆动平衡位置在水平度盘上的平均读数 N_T,称为陀螺北方向值,可按下式计算:

$$N_1 = \frac{1}{2}\left(\frac{U_1 + U_3}{2} + U_2\right)$$

$$N_2 = \frac{1}{2}(\frac{U_2 + U_4}{2} + U_3)$$

$$N_5 = \frac{1}{2}(\frac{U_3 + U_5}{2} + U_4)$$

$$N_T = \frac{1}{3}(N_1 + N_2 + N_3) \tag{3-49}$$

逆转点法记录和计算见表 3-8 所示

表 3-8　陀螺经纬仪定向记录(逆转点法)

测线名称:基 5—基 6　　　　　　　　　　　　记录者:刘军

仪器号:GAK-1　　　　　　　观测者:李忠　　　观测日期:2020 年 5 月 6 日

	左　　方	中　值	右　　方
逆转点读数	11°41′49.0″		
	(11°40′34.0″)	9°59′25.5″	8°18′17.0″
	11°39′19.0″	9°59′22.5″	(8°19′25.0″)
	(11°38′33.0″)	9°59′33.5″	8°20′33.0″
	11°37′47.0″		
	平　均　值	9°59′26.8″	
	周　　期	7 min 01 s	

	测　前　零　位			测　后　零　位		
	左　方	中　值	右　方	左　方	中　值	右　方
	+1.5			+4.6		
	(+1.5)	−0.05	−1.6	(+4.6)	−0.05	−4.7
	+1.5			+4.6		
周　期	60 s			61 s		

测线方向	正　镜	276°14′59.0″	276°14′53.0″	
	倒　镜	96°14′55.0″	96°14′50.0″	天气:晴
	平　均	276°14′57.0″	276°14′51.5″	气温:+10 ℃
计算	测线方向值	276°14′54.2″		风力:2 级
	陀螺北方向值	9°59′26.8″		振动:无
	零位改正数			起动时间:10 时 45 分
	陀螺方位角	266°15′27.4″		启动时间:1 min 04 s
	仪器常数	−31.2″		制动时间:42 s
	地理方位角	266°14′56.2″		停止时间:11 时 18 分
	子午线收敛角	−07′09.1″		运转时间:33 min
	坐标方位角	266°22′05.3″		

3.5.3.2　中天法

中天法要求起始近似定向达到 ±15′ 以内。在整个观测过程中,经纬仪照准部都固定在这个近似北方向上。中天法陀螺经纬仪定向一个测站的操作程序如下：

（1）严格整置经纬仪，架上安放陀螺仪，以一个测回测定待定或已知测线的方向值。然后将仪器大致对准正北方向。

（2）进行粗略定向。将经纬仪照准部固定在近似北方 N' 上并记录下 N' 值。在此过程中，照准部始终固定在这个方向上。

（3）测前零位观测。方法同逆转点法。

（4）启动陀螺马达，待达到额定转速后下放灵敏部，经限幅，使光标像摆幅不超过目镜视场（摆幅在 $+8$ 格和 -8 格左右较好）。然后按下列顺序进行观测，如图 3-20 所示。

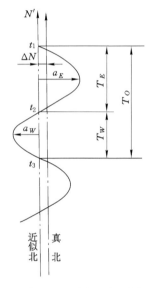

图 3-20　用中天法观测

① 灵敏部指标线经过分划板零刻线时启动秒表，读取中天时间 t_1。

② 灵敏部指标线到达逆转点时，在分划板上读取摆幅读数 a_E。

③ 灵敏部指标线返回零刻线时读出秒表上读数 t_2。

④ 灵敏部指标线到达另一逆转点时读摆幅读数 a_W。

⑤ 灵敏部指标线返回零刻线时再读秒表上中天时间 t_3。

重复上述操作，一次定向需连续测定 5 次中天时间。记录不跟踪摆动周期 T_2。观测完毕，托起并锁紧灵敏部，制动陀螺马达。

基本计算如下：

摆动半周期：
$$T_E = t_2 - t_1 , \; T_W = t_3 - t_2 \tag{3-50}$$

时间差：
$$\Delta T = T_E - T_W \tag{3-51}$$

摆幅值：
$$a = \frac{|a_E| + |a_W|}{2} \tag{3-52}$$

近似北方偏离平衡位置的改正数为：$\Delta N = c \cdot a \cdot \Delta t$

摆动平衡位置在水平度盘上的读数（陀螺北方向值）应为：
$$N_T = N' + \Delta N' = N' + c \cdot a \cdot \Delta t \tag{3-53}$$

式中,c 为比例常数。

中天法记录和计算见表 3-9 所示。

表 3-9　陀螺经纬仪定向记录(中天法)

测线名称:基 8－基 9　　　　　　　　　　　　　记录者:刘军
仪器号:GAK-1　　　　　观测者:李忠　　　观测日期:2020 年 5 月 6 日

N'度盘读数	中天时间	摆动时间	时间差	摆幅
359°50′00.0″	0 00.00			
		＋3 29.60		＋5.9
$\Delta N = c \cdot a \cdot \Delta t$	3 29.60		＋31.27	－4.6
		－2 58.33		＋5.9
8′19.5″	6 27.93		＋32.09	－4.7
		＋3 30.42		
$N = N' + \Delta N$	9 58.35		＋31.94	
		－2 58.48		
359°58′19.5″	12 56.83			平均
			＋31.77	5.27

测　前　零　位			测　后　零　位		
左　　方	中　值	右　方	左　　方	中　值	右　方
＋1.5			＋1.6		
(＋1.45)	－0.32	－2.1	(＋1.55)	－0.28	－2.1
＋1.4			＋1.5		

周　　期		57.64 s	周　　期		57.80 s
测线方向	正　镜	306°04′47.0″	306°04′49.0″	天气:晴	
	倒　镜	126°04′50.0″	126°04′53.0″	气温:＋10 ℃	
	平　均	306°04′48.5″	306°04′51.0″	风力:3 级	
计　　算	测线方向值	306°04′49.8″		振动:有	
	陀螺北方向值	359°58′19.5″		起动时间:20 时 30 分	
	零位改正数			启动时间:1 min 01 s	
	陀螺方位角	306°06′30.3″		制动时间:49.3 s	
	仪器常数	－31.2″		停止时间:20 时 56 分	
	地理方位角	306°05′59.1″		运转时间:26 min	
	子午线收敛角	－25′58.1″		$c = 2.98388″/$格$\cdot$s	
	坐标方位角	306°31′57.2″			

c 值的测定和计算方法如下:

① 利用实际观测数据求 c 值

把经纬仪照准部摆在偏东 $10'$ 和偏西 $10'$ 左右,分别用中天法观测,求出时间差 Δt_1 和 Δt_2 以及摆幅值 a_1 和 a_2,可列出如下方程式,以求解 c 值:

$$N_T = N'_1 + c \cdot a \cdot \Delta t_1 \atop N_T = N'_2 + c \cdot a \cdot \Delta t_2 \Bigr\}$$

从而得到：

$$c = \frac{N'_2 - N'_1}{a_1 \Delta t_1 - a_2 \Delta t_2} \tag{3-54}$$

c 值与纬度有关，在同一地区南北不超过 500 km 范围以内可使用同一 c 值，超过这个范围需重新测定，隔一定时间后应抽测检查。

② 利用摆动周期计算比例系数 c

$$c = m \cdot \frac{\pi}{2} \cdot \frac{T_1^2}{T_2^3} \tag{3-55}$$

式中　m——分划板分划值；

　　　T_1——跟踪摆动周期；

　　　T_2——不跟踪摆动周期。

3.5.4　陀螺经纬仪定向的作业过程

3.5.4.1　在地面已知边上测定仪器常数

由于陀螺仪轴衰减微弱的摆动系数保持不变，故其摆动的平均位置可以认为是假想的陀螺仪轴的稳定位置，如图 3-21 所示。实际上，因为陀螺仪轴与望远镜光轴及观测目镜分划板零线所代表的光轴通常不在同一竖直面中，所以假想的陀螺仪轴的稳定位置通常不与地理子午线重合，二者的夹角称为仪器常数，一般用 Δ 表示。如果陀螺仪子午线位于地理子午线的东边，Δ 为正；反之为负。

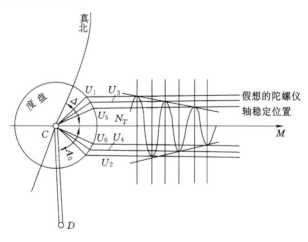

图 3-21　陀螺仪轴逆转点时的度盘读数

仪器常数 Δ 可以在已知方位角的精密导线边或三角网边上直接测出来。如图 3-22(a) 所示，精密导线边 CD 的地理方位角为 A_0。若在 C 点安置陀螺经纬仪，通过陀螺运转和观测可求出 CD 边的陀螺方位角 α_T，可按下式求出仪器常数：

$$\Delta = A_0 - \alpha_T \tag{3-56}$$

所以，测定仪器常数实际上是测定已知边的陀螺方位角。在下井定向之前，在已知边上测定仪器常数应进行 2～3 次,各次之间的互差对于 GAK-1、JT$_{15}$ 等型号的仪器应小于 40″。每次测量后,要停止陀螺运转 10～15 min,经纬仪度盘应变换 180°/(2～3)。

3.5.4.2　在井下定向边上测定陀螺方位角

井下定向边的长度应大于 50 m。在图 3-22(b)中,仪器安置在 C' 点上,可测出 $C'D'$ 边的陀螺方位角 α'_T。则定向边的地理方位角 A 为:

$$A = \alpha'_T + \Delta \tag{3-57}$$

测定定向边陀螺方位角应独立进行两次,其互差对于 GAK-1、JT$_{15}$ 型仪器应小于 40″。

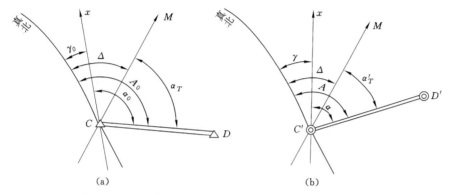

图 3-22　陀螺仪定向示意图

3.5.4.3　仪器上井后重新测定仪器常数

仪器上井后,应在已知边上重新测定仪器常数 2～3 次。前后两次测定的仪器常数,其中任意两个仪器常数的互差对于 GAK-1、JT$_{15}$ 型仪器应小于 40″。然后求出仪器常数的最或然值,并按白赛尔公式 $m = \pm \sqrt{\dfrac{[vv]}{n-1}}$ 来评定一次测定中误差。式中,n 为测定仪器常数的次数。

3.5.4.4　求算子午线收敛角

一般地面精密导线边或三角网边已知的是坐标方位角 α_0,需要求算井下定向边的坐标方位角 α,因此还需要求算子午线收敛角 γ。

如图 3-22(a)所示,地理方位角和坐标方位角的关系为:

$$A_0 = \alpha_0 + \gamma_0 \tag{3-58}$$

子午线收敛角 γ_0 的符号可由安置仪器点的位置来确定,即在中央子午线以东为正,以西为负。其值可根据安置仪器点的高斯平面坐标求得,具体求法见表 3-10。

3.5.4.5　求算井下定向边的坐标方位角

由图 3-22(a)及计算公式可得:

$$\Delta = A_0 - \alpha_T = \alpha_0 + \gamma_0 - \alpha_T$$

井下坐标方位角则为:

$$\alpha = A - \gamma = \alpha'_T + \Delta_平 - \gamma \tag{3-59}$$

式中,$\Delta_平$ 为仪器常数的平均值。

表 3-10　子午线收敛角系数 **K** 表

x/km	K	Δ	x/km	K	Δ	x/km	K	Δ
100	0.008 5		2 100	0.185 4	95	4 100	0.406 2	131
200	0.017 0	85	2 200	0.194 9	95	4 200	0.419 6	134
300	0.025 5	85	2 300	0.204 6	97	4 300	0.433 4	138
400	0.034 1	86	2 400	0.214 3	97	4 400	0.447 5	141
500	0.042 6	85	2 500	0.224 2	99	4 500	0.461 9	144
600	0.051 2	86	2 600	0.234 2	100	4 600	0.476 8	149
700	0.059 8	86	2 700	0.244 4	102	4 700	0.492 1	153
800	0.068 4	86	2 800	0.254 7	103	4 800	0.507 8	157
900	0.077 1	87	2 900	0.265 1	104	4 900	0.524	162
1 000	0.085 8	87	3 000	0.275 3	107	5 000	0.540 7	167
1 100	0.094 5	87	3 100	0.286 5	107	5 100	0.557 9	172
1 200	0.103 3	88	3 200	0.297 5	110	5 200	0.575 7	178
1 300	0.112 1	88	3 300	0.308 6	111	5 300	0.594 1	184
1 400	0.121 0	89	3 400	0.320 0	114	5 400	0.613 1	190
1 500	0.130 0	90	3 500	0.331 6	116	5 500	0.632 8	197
1 600	0.139 0	90	3 600	0.343 4	118	5 600	0.653 3	205
1 700	0.148 1	91	3 700	0.355 4	120	5 700	0.674 5	212
1 800	0.157 3	92	3 800	0.367 7	123	5 800	0.696 7	222
1 900	0.166 6	93	3 900	0.380 2	125	5 900	0.719 7	230
2 000	0.175 9	93	4 000	0.393 1	129	6 000	0.743 7	240

子午线收敛角 γ_0 按下式计算：$\gamma_0 = K \cdot y$，式中 γ_0 以分为单位；y 为点的横坐标，以千米为单位；K 为系数，以纵坐标 x（以千米为单位）为引数由表中查取。

算例：已知 $x = 4\,435$ km，$y = 143$ km，求 γ_0。

由表中查得 $K = 0.447\,5 + 0.014\,4 \times 0.35 = 0.452\,5$

故 $\gamma_0 = 0.452\,5 \times 143 = 64.71 = 1°04'43''$

若将仪器常数 Δ 代入上式，则可写出：

$$\alpha = \alpha_0 - (\alpha_T - \alpha'_T) + \delta_\gamma$$

其中，$\delta_\gamma = \gamma_0 - \gamma$ 表示地面和井下安置陀螺经纬仪地点的子午线收敛角的差数，可按下式求得：

$$\delta_\gamma = \mu \cdot (y_0 - y)$$

式中，δ_γ 的单位为 s；$\mu = 32.23\tan\varphi$（当地面和井下定向点的距离不超过 10 km、纬度小于 60° 时采用）；φ 为当地的纬度；y_0 和 y 为地面和井下定向点的横坐标，km。

3.5.5　使用陀螺经纬仪时的注意事项

陀螺经纬仪是以动力学理论为基础的光、机、电结合的精密仪器。工作时，陀螺灵敏部

具有较大的惯性,必须注意合理使用,妥善保管,才能保持仪器的精度和寿命。在使用时,须注意下列事项:

① 必须在熟悉陀螺经纬仪性能的基础上,由具有一定操作经验的人员来使用仪器。仪器的定向精度与操作熟练程度有关。井上、下观测一般应由同一观测者进行。前后两次测量仪器常数,一般应在三昼夜内完成。

② 在启动陀螺马达达到额定转速之前和制动陀螺马达的过程中,陀螺灵敏部必须处于锁紧状态,防止悬挂带和导流丝受损伤。

③ 在陀螺灵敏部处于锁紧状态、马达又在高速旋转时,严禁搬动和水平旋转仪器。否则将产生很大的力,压迫轴承,以致毁坏仪器。

④ 在使用陀螺电源逆变器时,要注意接线的正确,使用外接电源时应注意电压、极性是否正确。在没有负载时,不得开启逆变器。

⑤ 陀螺仪存放时,要装入仪器箱内,放入干燥剂,仪器要正确存放,不要倒置或躺卧。

⑥ 仪器应存放在干燥、清洁、通风良好处,切忌置于热源附近,环境温度以 $10\sim30$ ℃为宜。

⑦ 仪器用车辆运输时,要使用专用防震包装箱。

⑧ 在野外观测时,仪器要避免太阳光直接照射。

目镜或其他光学零件受污时,先用软毛刷轻轻拭去灰尘,然后用镜头纸或软绒布揩拭,以免损伤光洁度和表面涂层。

3.5.6　精度分析

通常主要采用陀螺定向方法进行平面联系测量,这里主要讨论陀螺定向的误差来源及其影响。

3.5.6.1　陀螺经纬仪定向的精度评定

陀螺经纬仪定向精度主要以陀螺方位角一次测定中误差 m_T 和坐标方位角一次定向中误差 m_α 来表示。

(1) 仪器常数测定中误差

在用陀螺对井下待定向边进行定向前,应在地面已知坐标方位角的边上测定陀螺仪常数。按照《煤矿测量规程》规定,前后共需测 6 次,这样就可用白塞尔公式来求算仪器常数一次测定中误差,即:

$$m_\Delta = \pm\sqrt{\frac{[vv]}{n_\Delta - 1}} \tag{3-60}$$

式中,n_Δ 为测定仪器常数的次数。

则测定仪器常数平均值的中误差为:

$$m_{\Delta平} = \pm\frac{m_\Delta}{\sqrt{n_\Delta}} \tag{3-61}$$

(2) 陀螺方位角一次测定中误差

《煤矿测量规程》规定,陀螺经纬仪定向的观测次序按 3(测前地面测定仪器常数次数)、2(井下观测定向边陀螺方位角次数)、3(侧后地面测定仪器常数次数)或 2、2、2 进行操作。一般情况下,井上、下采用同一台仪器,使用同一种观测方法,同一观测者操作,可以近似认

为井上、下测定陀螺方位角的观测条件大致相同,即一次测定待定边陀螺方位角的误差与一次测定仪器常数的中误差相等:

$$m_T = m_\Delta$$

(3)一次定向中误差

已知井下陀螺定向边的坐标方位角的计算式为:

$$\alpha = \alpha_{T平} + \Delta_平 - \gamma$$

所以一次定向中误差为:

$$m_\alpha = \pm \sqrt{m_{\alpha T平}^2 + m_{\Delta平}^2 + m_\gamma^2} \tag{3-62}$$

式中　　$m_{\alpha T平}$——井下陀螺定向边的陀螺方位角平均值中误差;

　　　　$m_{\Delta平}$——仪器常数平均值中误差;

　　　　m_γ——确定子午线收敛角的中误差。

一般子午线收敛角的误差甚小,可忽略不计,故上式可写为:

$$m_\alpha = \pm \sqrt{m_{\alpha T平}^2 + m_{\Delta平}^2} \tag{3-63}$$

此时一次定向(观测程序3、2、3)的中误差为:

$$m_\alpha = \pm \sqrt{\frac{m_\Delta^2}{2} + \frac{m_\Delta^2}{6}} = \pm 0.816 m_\Delta \quad (采用3、2、3观测程序) \tag{3-64}$$

$$m_\alpha = \pm \sqrt{\frac{m_\Delta^2}{2} + \frac{m_\Delta^2}{4}} = \pm 0.866 m_\Delta \quad (采用2、2、2观测程序) \tag{3-65}$$

当井下有多条定向边时,也可按照双次观测列来计算井下陀螺方位角一次测定的中误差,即:

$$m_{\alpha T} = \pm \sqrt{\frac{[dd]}{2n}} \tag{3-66}$$

式中　　d——同一边两次陀螺方位角之差;

　　　　n——差值的个数,即定向边的个数。

则井下陀螺方位角的平均值中误差为:

$$m_{\alpha T平} = \pm \frac{m_{\alpha T}}{\sqrt{2}} \tag{3-67}$$

再按照式(3-63)求算一次定向中误差。应该指出的是,当陀螺定向的次数较少时,其评定精度的可靠性较差,所求得的值仅作为参考。

3.5.6.2　陀螺方位角测定的误差分析

对陀螺方位角一次测定的精度来说,不同的测量方法误差来源也有差异,这里就常用的方法(跟踪逆转点法和中天法)加以分析。其中所用的一些数据,是根据具体仪器试验分析所得,有一定局限性,只能作为参考。

陀螺方位角一次测定误差来源主要有:① 经纬仪测定方向的误差;② 上架式陀螺仪与经纬仪的连接误差;③ 悬挂带零位变动误差;④ 灵敏部平衡位置的变动误差;⑤ 外界条件,如风流、温度计震动等因素的影响。下面对上述因素加以分析。

(1)经纬仪测定方向的误差

经纬仪测定测线方向值的误差 m_M,受经纬仪安置地点的仪器对中误差 m_{eC}、觇标对中

误差 m_{eT}、照准和读数误差以及外界条件等因素综合影响。

对中误差 m_{eC} 和 m_{eT}：

$$m_{eT} = m_{eC} = \pm \frac{e}{\sqrt{2d}}\rho$$

式中 e——对中线量误差；

d——测线边长。

例如,当测线边长 $d = 50$ m 时,取 $e = 0.8$ mm,则觇标对中误差和仪器对中误差引起的测线方向值误差均为 $\pm 2.33''$。

① 测线一测回测量方法中误差 m_M

针对不同测量精度的经纬仪,其测角方法误差也不一样,如 J_2 和 J_6 经纬仪一测回测量方向值中误差为：

$$m_i = \pm 2'' \quad \text{或} \quad m_i = \pm 6''$$

测线在测前、测后方向上的平均值误差为：

$$m_{i\text{平}} = \pm \frac{m_i}{\sqrt{2}}$$

经纬仪测定测线方向值的误差为：

$$m_M = \pm \sqrt{m_{eC}^2 + m_{eT}^2 + m_{i\text{平}}^2} \tag{3-68}$$

② 逆转点法确定陀螺北方向的中误差 m_{N0}

逆转点观测误差包括跟踪瞄准误差和读数误差。根据人工观测方法和 5 个逆转点读数的均值,经过计算,得到陀螺北方向的中误差一般为 $m_{N0} = \pm 2.5''$。

③ 中天法确定陀螺北方向的中误差 m_{NT}

通过观测 5 个中天时间,经过计算,得到陀螺北方向的中误差一般为 $m_{NT} = \pm 8.86''$。实现自动观测后,该误差可能会进一步减小。

（2）上架式陀螺仪与经纬仪的连接误差 m_E

陀螺仪与经纬仪是靠固定在经纬仪上部的过渡支架来连接,每次定向都要把陀螺仪安装在经纬支架上。理论上,陀螺仪灵敏部重心、悬挂带的悬挂点以及陀螺转子质心 3 点应位于同一轴线上,此轴线和经纬仪竖轴应位于同一铅垂线上。由于每次定向时拆装连接此轴线偏离经纬仪竖轴铅垂位置而产生的方向误差称为连接误差 m_E。根据 WILDT$_3$ 型经纬实际测试,此项误差一般不大于 $2''$,估算时取 $m_E = \pm 2''$。

（3）悬挂带零位变动误差 m_a 或 m_b

陀螺灵敏部的悬挂带的扭力对其摆动系统的指向起阻碍作用,在实际观测时,采用跟踪法可以消除悬挂带扭力的大部分影响。此外,悬挂带材料力学性质的优劣、陀螺运转造成的温升、外界气候的变化以及摆动系统的机械锁紧和释放等因素的影响,均会引起零位变动。根据多次测试结果,当采用逆转点法时,悬挂带零位变动中误差一般为 $m_a = \pm 4''$,当采用中天法时,悬挂带零位变动中误差一般为 $m_b = \pm 6''$。

（4）灵敏部平衡位置的变动误差 m_d

影响陀螺灵敏部摆动平衡位置变动的主要原因是陀螺仪轴北端在各种干扰力矩的作用下绕其悬挂轴所产生的杂散进动,使陀螺轴对给定方向产生偏差,即陀螺的漂移。引起陀螺漂移的主要因素如下：

① 电源电压和频率变化而引起的陀螺转子角动量的变化。

② 灵敏部内部温升使陀螺组合件变形,导致灵敏部重心发生偏离而造成垂直轴方向的附加力矩。

③ 陀螺零位变动而引起的反力矩以及由于温升造成的悬挂带和导流丝的弹性和塑性变形等均会引起干扰力矩而产生漂移。

由于漂移的影响将导致灵敏部摆动的平衡位置相对稳定位置产生差异,这种差异称为摆动平衡位置的变动误差。实验证明,在各种不同条件下每台陀螺仪所具有的漂移量是不同的。根据试验测得灵敏部摆动误差对平衡位置的影响为 $m_d = \pm 6''$。

(5)外界条件的影响 $m_{外}$

陀螺定向时的环境温度、观测地点磁感应强度大小、气流、震动等因素均会对陀螺定向产生影响。此项影响较为复杂,无法一一精确测试,估算时取 $m_{外} = \pm 5''$。

综上所述,当采用逆转点法定向时,测线 AB 一测回测量陀螺方位角的中误差为:

$$m_{AB(T)} = \sqrt{m_M^2 + m_{N0}^2 + m_E^2 + m_a^2 + m_d^2 + m_{外}^2} \tag{3-69}$$

当采用中天法定向时,测线 AB 一测回测量陀螺方位角的中误差为:

$$m_{AB(T)} = \sqrt{m_M^2 + m_{NT}^2 + m_E^2 + m_a^2 + m_d^2 + m_{外}^2} \tag{3-70}$$

上述分析和一些误差参数主要是根据国内外的一些试验和实测资料综合选取的,对某一具体问题有一定的局限性。实际作业时,可参考上述分析方法,以选取更为切合实际的参数,使误差分析和精度估算更具有指导意义。

3.6 高程联系测量

3.6.1 高程联系测量的实质

高程联系测量的任务,就是把地面的高程系统,经过平硐、斜井或立井传递到地下高程测量的起始点上,所以我们也称之为导入高程。

导入高程的方法随开拓的方法不同而分为:

① 通过平硐导入高程;

② 通过斜井导入高程;

③ 通过立井导入高程。

通过平硐导入高程,可以用水准测量来完成,通过斜井导入高程,可以用一般三角高程测量来完成。其测量方法和精度与井下基本控制测量相同。通过立井导入高程,是采用一些专门的方法来完成的。

设在地面井口附近一点 A,其高程 H_A 为已知,一般称 A 点为近井水准基点,如图 3-23 所示。在井底车场中设一点 B,其高程待求。在地面与井下安置水准仪,并在 A、B 两点所立的水准尺上读取读数 a 及 b。如果我们知道了地面和井下两水准仪视线之间的距离 l,则 A、B 两点的高差 h 可按下式求出:

$$h = l - a + b = l + (b - a) \tag{3-71}$$

有了 h,就能算出 B 点在统一坐标系统的高程为:

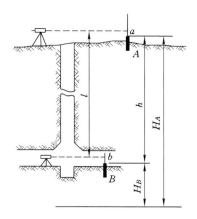

图 3-23　通过立井导入高程

$$H_B = H_A - h$$

通过立井导入高程的实质,就是如何来求得 l 的长度。

3.6.2　钢尺法导入高程

目前在国内外使用的长钢尺有 500 m、800 m、1 000 m 等几种。用长钢尺导入高程的设备及安装如图 3-24 所示。钢尺通过井盖放入井下,到达井底后,挂上一个垂球,以拉直钢尺,使之居于自由悬挂位置。垂球不宜太重,一般以 10 kg 为宜。下放钢尺的同时,在地面及井下安平水准仪,分别在 A、B 两点所立水准尺上读取读数 a 与 b,然后将水准仪照准钢尺。当钢尺挂好后,井上、下同时读取读数 m 和 n。最后再在 A、B 水准尺上读数,以检查仪器高度是否发生变动。还应用点温计测定井上、下的温度 t_1、t_2。根据上述测量数据,就能求得 A、B 两点之高差为:

$$h = (m - n) + (b + a) + \sum \Delta l \tag{3-72}$$

式中,$\sum \Delta l$ 为钢尺的总改正数,它包括尺长、温度、拉力和钢尺自重等四项改正数。即:

$$\sum \Delta l = \Delta L_K + \Delta L_T + \Delta L_P + \Delta L_C \tag{3-73}$$

计算温度改正数时,钢尺工作时的温度应取井上下温度的平均值,即 $t = \dfrac{t_1 + t_2}{2}$;对于钢尺的自重改正,可按下式计算:

$$\Delta L_C = \frac{\gamma}{2E} \cdot (m - n)^2$$

式中　γ ——钢尺的密度,即 7.8 g/cm³;

E ——钢尺的弹性系数,即 2×10^6 kg/m²;

（$m - n$）——井上、下两水准仪视线间的钢尺长度。

钢尺的自重改正数永远为正号。

如无长钢尺时,也可将几根 50 m 的短钢尺牢固地连接起来,然后进行比长,当作长钢尺使用,同样可取得很好的效果。

导入标高均需独立进行两次,也就是说在第一次进行完毕后,改变其井上下水准仪的高

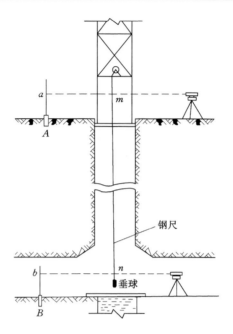

图 3-24　用长钢尺导入高程

度并移动钢尺,用同样的方法再作一次。加入各种改正数后,前后两次之差,按《煤矿测量规程》规定不得超过 $l/8\ 000$(l 为井上、下水准仪视线间的钢尺长度)。

3.6.3　钢丝法导入高程

在缺少长钢尺且井筒较深的情况下,采用短钢尺相接的办法也很不方便,因此常采用钢丝法导入高程。用钢丝导入高程时,因为钢丝本身不像钢尺一样有刻度,所以不能直接量出长度 l,须在钢丝上用特制的标线夹,在井上、下水准仪视线水平做出标记 m 和 n(见图 3-25),然后将钢丝提升到地面,用光电测距仪、钢尺或在井口附近设置专门的比长台来丈量两标记之间的距离。

采用光电测距仪或钢尺在地面测量钢丝时,可在平坦地面上将钢丝拉直,并施加与导入高程时给钢丝所加的相同的拉力,依据钢丝上的标记 m、n,在实地上打木桩用小钉做出标志,然后用光电测距仪或钢尺丈量两标志 m、n 之间的距离。当在井口附近设置比长台时,在比长台上设置一根比长过的钢尺,随着钢丝的提升,分段丈量两标志 m、n 之间的距离。

由于长钢丝导入高程的设备和安装与立井定向时所需的部分投点设备及安装相同,因此,目前不少矿井在进行定向以后,随即作高程导入,这样可节省不少时间。长钢丝导入高程同样应独立进行两次,两次测量差值的容许值和钢尺导入高程相同。

3.6.4　激光测距仪导入高程

随着激光测距仪在测量中的广泛应用,不少矿山测量工作者开始研究利用测距仪来测量井深,从而达到导入高程的目的。这种方法精度高,占用井筒时间短,测量方法简单。

用光电测距仪导入高程的原理如图 3-26 所示。基本方法是将测距仪 G 安置在井口附

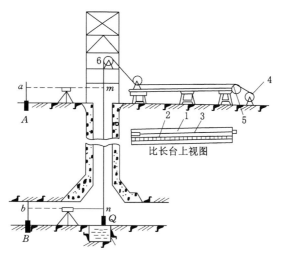

图 3-25 用长钢丝导入高程

1——比长台；2——检验过的钢尺；3——钢丝；

4——手摇绞车；5——小滑轮；6——导向滑轮

近，在井架上安置反射镜 E（与水平面呈 45°角），反射镜 F 水平置于井底。用测距仪分别测得至反射镜 E 的距离 $S(S=GE+EF)$ 和测距仪 G 至反射镜 E 的距离 $D(D=GE)$，由此得井深 H 为：

$$H=S-D-\Delta H \tag{3-74}$$

式中，ΔH 为光电测距仪的气象、仪器常数等总改正数。

在井上、下分别安置水准仪，读取立于 E、A 及 F、B 处水准尺的读数 e、a 和 f、b，则可求得水准基点 A、B 之间的高差为：

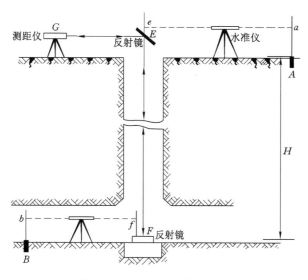

图 3-26 用光电测距仪导入高程

$$h_{BA} = H - (a - e) + b - f \tag{3-75}$$

井下水准基点 B 的高程为：

$$H_B = H_A - h_{BA}$$

上述测量应重复进行两次，其差值应符合《煤矿测量规程》的要求，即两次之差不大于 $H/8\,000$。

第 4 章 地下工程施工测量

4.1 隧(巷)道中线的测设方法

地下主要巷道的位置是根据工程的总体设计决定的,但在施工过程中还要根据实际情况做必要的修改。次要巷道更需要根据已有巷道和地质变化情况逐步做出施工设计。测量的任务是把图上设计好的巷道,随着巷道不断向前掘进逐步地标设于实地,也就是要在实地上标定出巷道的开切位置和给定巷道的掘进方向。

巷道水平投影的几何中心线称为巷道中线。标定出巷道中线就可控制巷道在水平面内的掘进方向。新开巷道标定中线的过程大致如下。

4.1.1 标定巷道的准备工作

4.1.1.1 检查设计图纸

设计的巷道要和已有的巷道保持一定的几何关系,或本身要符合一定的几何条件。测量人员在接到掘进任务书以后,需首先了解该巷道的用途和与其他巷道的几何关系,检核设计的角度和距离是否满足这些几何条件,并检查设计图上的角度和长度是否与注记的数字相符合,巷道的各部分尺寸、角度、高程、坡度等是否相互协调。然后根据工程要求和现有的测量仪器,确定测量的方法和精度要求。对主要巷道和要到达某一指定位置的巷道测量精度一般应高些,对次要巷道则可低些。

4.1.1.2 确定标定的必要数据

确认设计资料无误后,就可利用所要标设的巷道内的已知点计算标设数据。如图 4-1 所示,l_1、l_2 和 β 即为标定的必要数据。

4.1.2 标定巷道开切点和掘进方向

标定巷道开切点和掘进方向的工作,习惯上称为"开门子"。如图 4-1 所示,虚线表示设计的巷道,4、5 为已掘巷道内的导线点,AB 为设计巷道的中心线。标

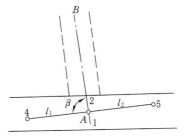

图 4-1 巷道开口时的中线标定

定前,应从大比例尺图上量出点 4 到点 A 的距离 l_1 和点 5 到点 A 的距离 l_2,以及 4—5 边与 AB 间的指向角 β,检查 $l_1 + l_2$ 应等于 4—5 导线边长。

在实地标设前,应先检查原有导线点是否移动。而在标设开切点 A 和开切方向 AB

时,对主要巷道,一般采用经纬仪标设方法,采区次要巷道也可用精度较低的罗盘仪法、半圆仪法和卷尺法标定。

4.1.2.1 经纬仪法

如图 4-1 所示,标定时在点 4 安置经纬仪照准点 5,沿此方向由点 4 量取平距 l_1 即得开切点 A。将点 A 在顶板固定后,再量点 A 到点 5 的平距 l_2 加以检核。然后,将经纬仪安置在开切点 A,后视点 4 点,对零后用正镜拨指向角 β,在视线方向的顶板固定一点 2,倒转望远镜在其反向延长线上再固定一点 1,由 1、A 和 2 三点组成一组中线点,即可指示巷道开切方向。标设后应实测 β 角,以作检核。

4.1.2.2 悬挂罗盘仪法

我国许多矿井在磁性影响不大的巷道内常使用悬挂罗盘仪(简称挂罗盘)开门子。挂罗盘属低精度测量仪器,是带有悬挂装置的罗盘,用来测磁方位角,使用方便,其外貌如图 4-2 所示。图中 1 为铜铝合金制的圆形罗盘盒,利用螺丝 3 与悬架 2 相连。当悬架挂钩挂在线绳 4 上时,罗盘盒由于自重,恒处于水平位置。罗盘盒的度盘刻度按逆时针方向由 0° 增大到 360°,最小分划值为 30′,在 0° 与 180° 位置注有北(N)和南(S)字样。0° 与 180° 连线与悬架挂钩的方向一致。度盘的中心有一顶针,用以支承磁针并使它能自由转动。在罗盘盒底部有一制动螺旋,不用时把它旋紧,就可以制动磁针。

挂罗盘应该满足下列要求:

① 磁针应该灵敏。磁针转动不灵敏系磁力不足或支承阻力过大所致,可加磁或更换配件。

② 磁针应处于水平位置。如磁针自由转动时两端不水平,可移动磁针南端所加的配重,直到水平时为止。

③ 支承磁针的顶针应处于度盘的中心。可用磁针两端读数是否正好相差 180° 来检查。

④ 度盘 0° 与 180° 连线应与两挂钩连线位于同一竖直面内。

每个挂罗盘在使用前应当测定该罗盘在该矿井或某采区的磁偏角 Δ。为此,可选定已知坐标方位角为 α_{12} 的导线边,用挂罗盘测得该边的磁方位角 A'_{12}(见图 4-3),则磁偏角为:

$$\Delta = \alpha_{12} - A'_{12} \tag{4-1}$$

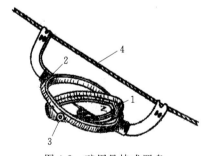

图 4-2 矿用悬挂式罗盘

1——罗盘盒;2——悬架;3——螺丝;4——线绳

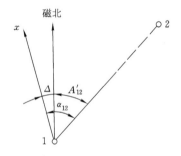

图 4-3 坐标磁偏角

磁北东偏时 Δ 为正,西偏时 Δ 为负。上述测定工作可选若干条边进行,取其平均值使用。每个挂罗盘测得的坐标磁偏角只能用于本罗盘。

用挂罗盘标定中线,在标定之前,先将新开巷道中线 AB 的坐标方位角加上磁偏角改正,求出标定时所需的磁方位角 A'_{12}($A'_{12} = \alpha_{12} - \Delta$)。

标定时,沿 4—5 方向丈量平距 l_1 得 A 点(见图 4-1),同时量 l_2 作检核。在顶板上固定 A 点后,在 A 点张绳,吊上挂罗盘,左右移动线绳的另一端,使罗盘读数等于 A_{AB},此时线绳的方向就是巷道中线 AB 的方向。在巷道顶板上沿此方向固定一组临时中线点 1、A 和 2,它们的连线即为巷道的开掘方向。

如果事先不知道该挂罗盘的磁偏角,则可在 A 点沿 4—5 和 1—2 两个方向,用线绳吊上挂罗盘,使其夹角(罗盘读数差值)等于指向角 β 即可,这是因为:

$$\beta = \alpha_{AB} - \alpha_{45} = A'_{12} - A'_{45}$$

4.1.2.3　卷尺法

在次要巷道开门子时,常使用卷尺拉三角形的方法给出开掘方向。如图 4-4 所示,设 $A2P$ 为等腰三角形,腰长为某定长 l,其顶角为指向角 β,则所对边长 a 为:

$$a = 2l\sin\frac{\beta}{2} \tag{4-2}$$

实地标定前,根据设计指向角 β 和自选的定长 l 按式(4-2)算出 a 值。标定时,沿 A—4 方向量平距 l 得 P 点。再从 A 点和 P 点以 l 和 a 的长度用线交会法交出 2 点,并在 2—A 延长线上标出 1 点,2、A、1 三点的连线即为巷道的开切方向。

在主要巷道开掘时一般采用经纬仪法,次要巷道可采用罗盘法或卷尺法。有些矿井在主要巷道开掘时也采用罗盘法或卷尺法,待掘进 4~8 m 后再用经纬仪标定,只要认真操作,是可以满足施工精度要求的。在实际工作中,还要注意开口处的中线点常因爆破而损坏,必须及时恢复。如果标定后发现巷道开口位置不当,应与设计人员商议,作出必要的调整。

4.1.3　直线巷道中线的标定

巷道开掘之后,最初标设的临时中线点常因爆破所破坏或移位,当巷道开掘 5~8 m 后,应当用经纬仪重新标定一组中线点。这时应先检查开切点 A 是否移位,若发现 A 点已移位,则应重新标定 A 点。经检查确认 A 点未移位或重新设置后,将经纬仪安置在 A 点上,如图 4-5 所示。用正倒镜标定 β 角,并沿视线方向在新巷道内标出 2′点和 2″点,取它们的中点 2 作为中线点。为了避免差错,应重新用一个测回测 β 角,作为检查。所测角值与标定角值之差应在 1′以内,若超限则应重新标定 2 点。检查符合要求后,沿 $A2$ 方向再标设 1

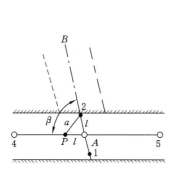

图 4-4　卷尺拉三角形法给线

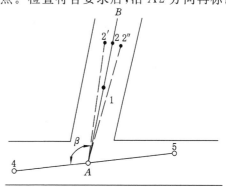

图 4-5　用经纬仪标定巷道中线

点。A、1、2 三点组成一组中线点。中线点均应固定在顶板上,挂垂球线指示巷道掘进的方向。一组中线点不得少于 3 个,点间距离以不小于 2 m 为宜。

给定巷道的平面方向,除了标定巷道几何中线的方法之外,也常采用标定轨道中心线或标定巷道边线的方法。在大断面双轨巷道特别是巷道断面不断变化的车场部分,采用标定某一条轨道的中心线是有利的,因为这样做就不必经常改变中线的位置。有的矿井习惯采用标设靠近巷道一帮的边线,因为这种方法更易于发现巷道的掘偏现象,对掌握巷道规格质量有利。

巷道边线(或轨道中心线)的具体标设方法如图 4-6 所示。巷道边线平行于巷道中线,它距巷道两帮的距离是不相同的。图中 A 点为巷道中线点,现要标设出巷道边线的起始点 B 及一组边线点。

标设前应先根据边线至巷道中线的距离 a 和 A、B 两点间的距离 l_{AB} 计算出标定 B 点的指向角 β',计算公式为:

$$\gamma = \arcsin \frac{a}{l_{AB}}$$
$$\beta' = \beta - \gamma$$

标定时,先在 A 点安置经纬仪,根据角 β' 和距离 l_{AB} 即可标定出 B 点。然后将仪器移至 B 点,后视 A 点标设 $(180° + \gamma)$ 角,这时仪器视线方向就是边线(或轨道中心线)的方向。再在视线上连续标设 1 点和 2 点,则 B、1、2 即为一组边线点。

边线到较近帮的距离称为边距,用 c 表示。显然,a、c 与巷道宽度 D 之间的关系为:

$$c = \frac{D}{2} - a$$

用边线给向时,测量人员必须将距离 c 及时通知施工人员,以便他们根据距离 c 控制巷道的掘进方向。应当注意的是,当相向贯通巷道用边线指示巷道掘进方向时,两头边线的称谓是相反的,如图 4-7(a)所示。图 4-7(b)表示因忽视称谓相反这一点所造成的错误。

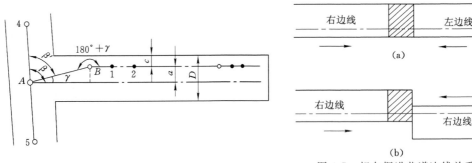

图 4-6　标定直线巷道的边线

图 4-7　相向掘进巷道边线关系图
(a) 正确的;(b) 错误的

在巷道掘进过程中,掘进工作面炮眼的布置和支架的位置都是以巷道中线为依据的。用经纬仪标设一组中线点后(或由边线找出中线的位置),在一定距离内可以该组中线点为依据,用三点连直线原理把巷道中线位置标在掘进工作面上。具体做法普遍采用瞄线法[图 4-8(a)]和拉线法[图 4-8(b)]。

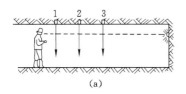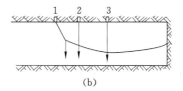

图 4-8　给中线的方法

4.1.4　直线巷道中线的延设和检查

如图 4-9 所示,随着巷道不断向前掘进,中线也要不断向前延设。主要巷道每掘进 30 m,次要巷道每掘进 40 m 左右,应延设一组中线点,以保证最前面一个中线点至掘进工作面的距离不超过 40 m,防止巷道掘偏。在延设之前应检查旧的一组中线点是否移动,如果没有移动,在 B 点安置仪器,后视 A 点,根据指向角用正倒镜测设一组中线点 C、1 及 2 三点。

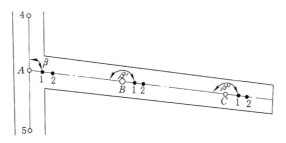

图 4-9　巷道中线的延设

为了及时检查巷道中线方向的正确性,在每组中线点中选择一个点作为导线点,如图 4-9 中的 A、B、C 点,测设 30″级导线。当发现原有中线方向偏离巷道设计方向时,要及时根据检查测量结果调整中线。施测导线的同时,还应将已掘巷道及时测绘到平面图上。当巷道继续向前推进时,上述巷道中线的延设、检查和测绘巷道平面图的工作亦相继进行。

4.1.5　曲线巷道中线的标定

在井下运输巷道转弯处或巷道互相交接的地方,都需要由曲线巷道连接。井下的曲线巷道,一般都是圆曲线。曲线巷道的起点、终点、曲线半径和转角等参数都在采矿设计中给出。曲线巷道的中线一般用分段的弦线来代替分段的弧线,并在实地标设这些弦线来指示巷道掘进的方向。标设方法如下:

4.1.5.1　计算标设要素

等分弦线法是一种常用的方法,分段弦线的长度相同。

(1) 等分弦线法

首先要确定合理的弦线长度 l,使得转折点尽量少,弦两端能通视且便于施工。图 4-10 为一曲线巷道,已知曲线始点 A、终点 B、曲线半径 R、中心角 α。现采用等分弦线法来计算标设要素。将曲线段所对的中心角 α 分为 n 等份,则每等份对应的弦长为:

$$l = 2R \sin \frac{\alpha}{2n} \qquad (4-3)$$

由图上可以看出，起点 A 和终点 B 处的转角为：

$$\beta_A = \beta_B = 180° + \frac{\alpha}{2n} \qquad (4\text{-}4)$$

中间各弦交点处的转角为：

$$\beta_1 = \beta_2 = 180° + \frac{\alpha}{n} \qquad (4\text{-}5)$$

图 4-10 所示为转向角大于 $180°$ 的情况。反之，当转向角小于 $180°$，即由 B 向 A 掘进时，则上述各转向角（左角）相应为：

$$180° - \frac{\alpha}{2n} \text{ 和 } 180° - \frac{\alpha}{n}$$

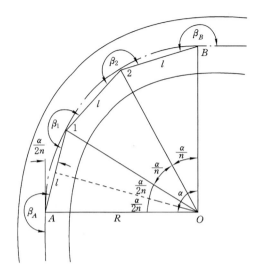

图 4-10 等分弦法计算标设要素

【例 4-1】 设曲线中心角 $\alpha = 90°$，$R = 12$ m，用三等分中心角求标定数据（参见图 4-10）。

解： 每条弦所对应的中心角为：$\dfrac{\alpha}{n} = \dfrac{90°}{3} = 30°$

弦长为：$\qquad l = 2R\sin\dfrac{\alpha}{2n} = 2 \times 12 \times \sin 15° = 6.212$（m）

转角为：$\qquad \beta_A = \beta_B = 180° + \dfrac{\alpha}{2n} = 180° + 15° = 195°$

$$\beta_1 = \beta_2 = 180° + \frac{\alpha}{n} = 180° + 30° = 210°$$

（2）任意弦长法

有时候由于巷道转弯的角度不是一个整数或有道岔时，不便于等分中心角，亦可采用不等分中心角的方法，即采用任意弦长。

【例 4-2】 设曲线中心角 $\alpha = 75°45'$，$R = 12$ m，将中心角分为 $30°$、$30°$、$15°45'$ 三个小角，求标定数据（参见图 4-11）。

解： 三个小角所对应的弦长分别为：

$$l_1 = l_2 = 2 \times 12 \times \sin\frac{30°}{2} = 6.212 \text{（m）}$$

$$l_3 = 2 \times 12 \times \frac{15°45'}{2} = 3.310 \text{（m）}$$

转角分别为：

$$\beta_A = 180° + \frac{30°}{2} = 195°$$

$$\beta_1 = 180° + 30° = 210°$$

$$\beta_2 = 180° + \frac{30°}{2} + \frac{15°45'}{2} = 202°52'30''$$

$$\beta_B = 180° + \frac{15°45'}{2} = 187°52'30''$$

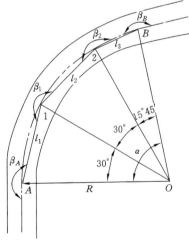

图 4-11 不等弦法计算标设要素

4.1.5.2　实地标设

计算出弦长和转向角等标设要素后,即可到实地进行标设。如图 4-12 所示,当巷道掘进到曲线起点位置以后,先标出 A 点;然后在 A 点安置经纬仪,后视直线巷道中线点 M,测设转向角 β_A,即可给出弦 $A1$ 的方向。因为此时曲线巷道尚未掘出,只能倒转望远镜,在 $A1$ 的反方向线上标设出中线点 $1'$ 和 $1''$(在巷道顶板上),则 $1''$、$1'$、A 三点组成一组中线点,指示 $A1$ 段巷道掘进的方向。当巷道掘至 1 点位置后,再置经纬仪于 A 点,拨角 β_A,量取弦长 L 标出 1 点。然后将经纬仪置于 1 点,拨角 β_1 可标定出 12 段巷道掘进的方向。照此办法逐段标设下去,直至弯道的终点 B 为止。

当巷道由 A 点向 1 号点掘进时,为确定巷道中线位置,可采用支距法,图 4-13 所示。沿弦 $A1$ 方向,由 A 点开始,任意位置 x_i 处的支距 h_i 按下式计算:

$$h_i = \sqrt{R^2 - \left(\frac{L}{2} - x_i\right)^2} - \sqrt{R^2 - \frac{L^2}{4}} \tag{4-6}$$

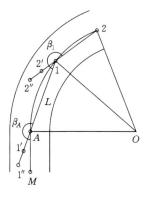

图 4-12　曲线巷道的标设

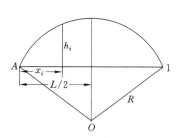

图 4-13　巷道中点位置的确定

4.1.5.3　绘制施工大样图

为了指导掘进施工,测量人员应作出曲线巷道 1:50 或 1:100 的大样图,交给施工人员,如图 4-14 所示。图上绘出巷道两帮与弦线的相对位置,直接在图上逐段量取并标明弦线上各点(点间距一定)到巷道帮的边距。一般情况下,边距按垂直于弦线的方向丈量,如图 4-14(a)所示。在采用金属、水泥或木支架支护的巷道中,也有按半径方向给出边距的,如图 4-14(b)所示。测量人员只需按上述方法标出弦线方向,施工人员则按大样图来掌握弯道的规格质量。大样图也是测量人员检查弯道掘进是否符合要求的图件依据。

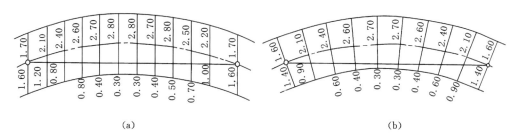

(a)　　　　　　　　　　　　　　　　　(b)

图 4-14　施工大样图

4.2 巷道腰线的测设方法

为了运输、排水或其他技术上的需要,地下巷道需具有一定的坡度(平巷)或倾角(斜巷),其数值在一般情况下都由工程设计给出,有时则要根据实际测量资料来决定,在掘进过程中有时还要根据测量结果会同工程人员对设计坡度和倾角加以调整。

巷道腰线是用来指示巷道在竖直面内的掘进方向及调整巷道底板或轨面坡度用的。腰线通常标设在巷道的一帮或两帮上,离轨面 1 m,离巷道底板 1.3 m,如图 4-15 所示。不论采用哪种数值,全工程巷道标设应该统一。每组腰线点不得少于三个,点间距以不小于 2 m 为宜。最前面一个腰线点至掘进工作面距离一般不应超过 30 m。

标定巷道腰线时的准备工作和标定中线是基本是一样的,实地标设工作也往往同时进行,要注意它们之间的联系。

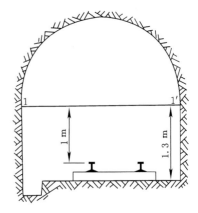

图 4-15　巷道腰线点的位置

4.2.1 斜巷腰线的标定

在倾角大于 5°的主要倾斜巷道或精度要求较高的一般斜巷,应该用经纬仪标设腰线,次要斜巷可用半圆仪等标设腰线。

4.2.1.1 用经纬仪标设腰线

用经纬仪标设腰线一般是与标定中线同时进行的,具体方法很多,下面介绍两种常用的方法。

(1) 中线点兼作腰线点的标设法

这个方法的特点,是在中线点的垂球线上作出腰线的标志,同时量腰线标志到中线点的距离,以便随时根据中线点恢复腰线的位置。

如图 4-16 所示,1、2、3 点为一组已标设腰线点位置的中线点,4、5、6 点为待设腰线点标志的一组中线点。标设时安置经纬仪于 3 点,量仪器高 i,用正镜瞄准中线,使竖盘读数对准巷道设计的倾角 δ,此时望远镜视线与巷道腰线平行。在中线点 4、5、6 的垂球线上用大头针标出视线位置,用倒镜测其倾角作为检查。

已知中线点 3 到腰线位置的垂距 a_3,则仪器视线到腰线点的垂距 b 为:

$$b = i - a_3 \qquad (4-7)$$

式中,i 和 a_3 均从中线点向下量取(i 和 a_3 值均取正号)。

求出的 b 值为正时,腰线在视线之上,b 值为负时则腰线在视线之下。从 4、5、6 三个垂球线上标出的视线记号起,根据 b 的符号用小钢尺向上或向下量取长度 b,即可得到腰线点的位置。在垂球线上作出标志,并量出标志到相应中线点的垂距 a_4、a_5、a_6,记入手簿,以便随时检查和恢复腰线位置。在中线上找出腰线位置之后,拉水平线将腰线点标设在巷道帮上,以便掘进人员施工。

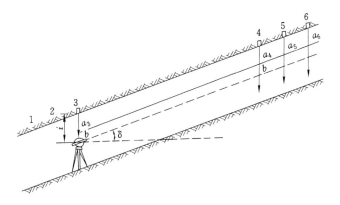

图 4-16　中线点兼做腰线点的标设

（2）伪倾角标设法

伪倾角法标设腰线的原理如图 4-17 所示。O、A 为巷道中线方向上的腰线点，OA 的倾角为巷道的设计倾角 δ，B 点为垂直于 OA 线、在巷道帮上与 A 点同高的点。OB 线的倾角就不再是 δ，而是伪倾角 δ' 了。由图 4-17 可知：

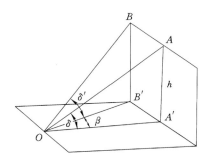

$$\tan \delta = \frac{h}{OA'}$$

$$\tan \delta' = \frac{h}{OB'}$$

图 4-17　伪倾角法标设腰线原理图

因此有：

$$\tan \delta' = \tan \delta \cdot \frac{OA'}{OB'}$$

即：

$$\tan \delta' = \tan \delta \cdot \cos \beta \tag{4-8}$$

式中，β 为 OA、OB 为两视线间的水平角。

根据设计的 δ 值与现场测定的 β 值求出伪倾角 δ' 后，便可直接在巷道帮上标出与 A 点同高的腰线点 B。

实地标设时（图 4-18），仪器安置在中线点 I 上，在标出新中线点 II 后，量取仪器高 i，并根据本站的中线点与腰线点的高差 a（a 是上次给线时求出的），按式（4-7）算出视线到腰线的高差 b。水平度盘置零，瞄准中线点，然后瞄准巷道帮上拟设腰线点 4 处，测出水平角 β，按式（4-8）算出伪倾角 δ'。仪器竖盘对准角 δ'，根据望远镜视线在帮上标出 $4'$ 点。最后从 $4'$ 点用小钢尺向上或向下量取 b 值定出腰线点 4。用同法可连续标设一组腰线点。标设完腰线点后，应将高程导到中线点 II 上，并求出 a' 值（$a' = v - b$），作为标设下一组腰线点的依据。式中，a'、v 均以中线点向下量为正值。

4.2.1.2　用悬挂半圆仪标设腰线

在次要斜巷和急斜倾巷道中，可用悬挂半圆仪标设腰线。悬挂半圆仪简称半圆仪，是一种测量倾角用的简易仪器。它是用铝一类轻金属制成的，如图 4-19 所示。半圆仪两端有挂

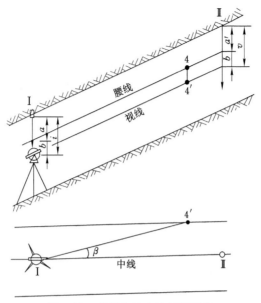

图 4-18　伪倾角法实地标设腰线

钩,用来悬挂在测绳上。刻度从半圆环中央 0°向两边增大至 90°,最小分划值为 20′或 30′。通过半圆环圆心小孔,用细线拴一小垂球。当测绳 AB 水平时,垂球线与 0°刻度线重合,当测绳倾斜时,垂球线的读数就是所挂测绳的倾角 δ。

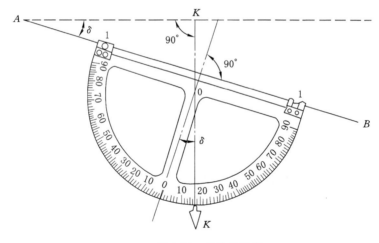

图 4-19　悬挂半圆仪

半圆仪应满足下列几何条件:

① 拴垂球线的小圆孔应与半圆环的几何圆心重合,一般出厂时已保证。

② 90°—90°对径线应与两挂钩连线平行。如图 4-20 所示,用半圆仪正反两个位置测得的倾角 δ_1 和 δ_2 若相同,此条件则满足。否则,条件不满足,测得的倾角值有误差,可取正反两个位置读数的平均值 $\delta = \dfrac{1}{2}(\delta_1 + \delta_2)$ 以消除该项误差。也可以通过调整挂钩的高度来

校正,直到 δ_1 和 δ_2 相等为止。

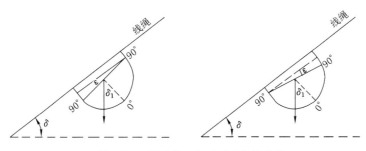

图 4-20 半圆仪 90°—90°对径线检验

由于半圆仪和测绳的自重,测绳呈悬垂线状态,在测绳不同区段所测的倾角将不相同,如图 4-21 所示。为了消除测量倾角的误差,在倾角大于 30°时,半圆仪最好挂在离测绳的两端点各 1/3 处读数,然后取平均值。

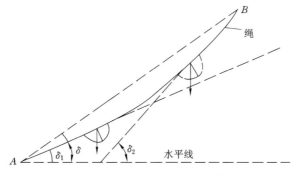

图 4-21 倾角大于 30°时半圆仪的悬挂位置

用半圆仪标设巷道腰线的方法如图 4-22 所示。设计中已给定巷道的倾角、腰线距底板的高度及巷道腰线起始点的高程。标设时可根据巷道中已知点 A 的高程 H_A 和腰线起始点 1 的高程 H_1,计算出高差 $h(h = H_1 - H_A)$。在 A 点挂垂球线,量 h 得 a。过 a 点拉一水平线在帮上得点 1。巷道掘进一段距离后,就以 1 点为始点,在巷道一帮拉线绳并挂上半圆仪。另一端上下移动,使半圆仪读数正好等于巷道的设计倾角,在帮上固定 2 点。点 1 和点 2 的连线即为巷道的腰线。巷道每掘进 20 m 左右,要用半圆仪继续标设一个腰线点。巷道距离较长时,每隔一段距离要用经纬仪检查半圆仪所设腰线点 1 的高程,并用经纬仪标设一组腰线点作为下一段继续用半圆仪标设巷道腰线的依据。

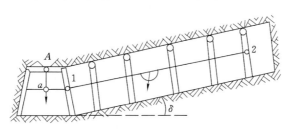

图 4-22 用半圆仪标设巷道腰线

4.2.1.3 用斜面仪标设腰线

国内生产的斜面仪能简便迅速地把腰线标设在巷道帮上,斜面仪的结构如图 4-23 所示。在经纬仪主望远镜 2 的上部安装一个副望远镜 1,其转动轴 3 同时垂直于主望远镜视准轴及横轴,同时副望远镜的视准轴与本身转动轴垂直。当主望远镜视准轴置于巷道倾斜方向上时(倾角等于巷道的设计倾角),转动副望远镜,此时副望远镜视准轴扫过的是一平行于腰线的倾斜面。倾斜面与巷道两帮的交线即是巷道的腰线。

用斜面仪在斜巷中标设腰线的方法如图 4-24 所示。在中线点 A 整置斜面仪,用主望远镜照准另一个中线点,固定水平度盘,再使垂直度盘读数等于巷道的设计倾角,固定垂直度盘。主望远镜固定不动后,转动副望远镜,瞄准原有腰线点 1 的上方 1' 点,用小钢尺量得垂距 a。再瞄腰线点 2 处上方 2' 点,量 22' = a 作为检查。检查无误后,即可标设一组新的腰线点。转动副望远镜,照准巷道帮拟设腰线点处,在视线上标设视点 3'、4' 和 5',自视点向下(或向上)量取 a,即可标出一组新的腰线点 3、4 和 5。

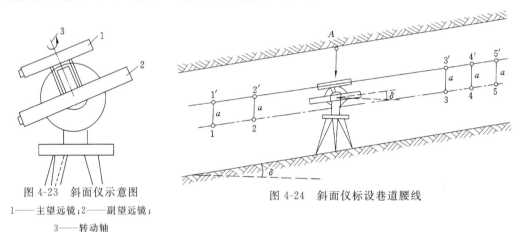

图 4-23　斜面仪示意图
1——主望远镜;2——副望远镜;
3——转动轴

图 4-24　斜面仪标设巷道腰线

4.2.2　平巷腰线的标定

在平巷中,用得最普遍的是水准仪标设腰线,在次要平巷中可用半圆仪标设腰线。

4.2.2.1 用水准仪标设腰线

如图 4-25 所示,在巷道中已有一组腰线点 1、2、3,巷道的设计坡度为 i,需向前标设一组新的腰线点 4、5、6。组间距一般为 30 m 左右。标设时水准仪安置在两组点之间,先照准原腰线点 1、2、3 上的小钢尺(代替水准尺)并读数,然后计算各点间的高差,以检查原腰线点是否移动。当确认其可靠后,记下 3 点的读数 a。a 的符号以视线为准来定,点在视线之上为正,在视线之下为负。然后丈量 3 点至 4 点的距离 l_{34},则可按下式算出腰线点 4 距视线的高度 b:

$$b = a + h_{34} = a + l_{34} \cdot i \tag{4-9}$$

式中,h_{34} 为 3 点与 4 点间的高差。

坡度 i 的符号规定为:上坡为正,下坡为负。水准仪前视 4 点处,以视线为准,根据 b 值标出腰线点 4 的位置。b 值为正时,腰线点在视线之上,b 值为负时则腰线在视线之下。5、6 腰线点依同法标设。

上述标设方法虽简单易行,但稍不注意就会出错。标设时应注意 a、b、i 的符号,图4-25 中分别表示出三种不同情况。

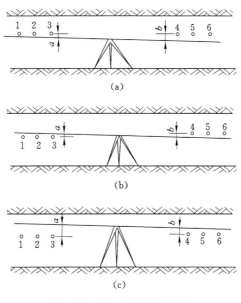

图 4-25　用水准仪标设腰线

标设好一组新的腰线点后,应该由 3 点求算 4、5、6 点的高程。连续向前标设几组腰线点后,应进行检查测量。检查时,可从水准点引测高程到腰线点,看腰线点的高程是否与设计相符。如不相符,应调整腰线点,使其符合设计位置后,再由调整后的腰线点向前继续标设腰线。

对于平巷,有的矿井要求在大巷的两帮均标出腰线,或在帮上用涂料画出腰线,以便严格控制巷道掘进的坡度。在铺设永久轨道的运输巷内,要求每 10 m 标设一对腰线点,以指导铺轨工作,如图 4-26 所示。

4.2.2.2　用半圆仪标设腰线

用半圆仪在平巷中标设腰线时,先利用半圆仪给出水平线,再按坡度标出腰线点。如图 4-27 所示,在原腰线点 3 拴线绳,利用半圆仪对零度,在线绳的另一端定出同高点 $4'$。量取

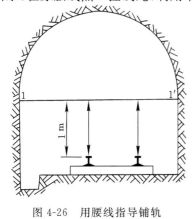

图 4-26　用腰线指导铺轨

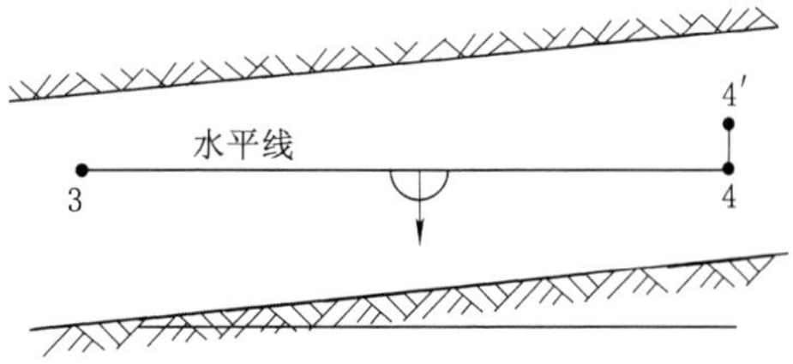

图 4-27　用半圆仪标设腰线

距离 l_{34}，按坡度算出高差 h_{34}，并用小钢尺量出，即可定出腰线点 4。用半圆仪在平巷中给腰线的精度较低，故只用于次要巷道。

4.2.3 平巷与斜巷连接处腰线的标定

平巷与斜巷连接处是巷道坡度变化的地方，巷道腰线在这里要做相应的改变。在图 4-28 中，巷道由平巷 EA 转为倾角 δ 的斜巷。平、斜巷底板的衔接点称为起坡点。起坡点的位置 A 由设计给出。设平巷腰线到巷道轨面（或底板）的距离为 c，如果斜巷腰线到轨面的法线距离也保持为 c，则腰线在起坡点处要抬高 Δl，其大小为：

$$\Delta l = c \cdot \sec \delta - c = c(\sec \delta - 1)$$

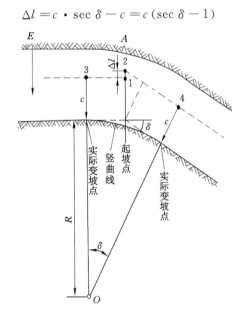

图 4-28 平、斜巷变坡处腰线的标设

实地标设时，先根据起坡点 A 与平巷中导线点 E 的相对位置，沿中线方向将 A 点标设到顶板上。在 A 点垂直于巷道中线的两帮上标出平巷的腰线点 1，再从 1 向上量取垂距 Δl 定出斜巷的起始腰线点 2。在巷道实际变坡处也应在巷道帮上标设出腰线点 3 和 4。

在起坡点与实际变坡点之间的一段为竖曲线，它通常是圆曲线，其半径 R 由设计部门根据巷道用途给出。掘进时，因井下竖曲线半径不大，常不标设竖曲线，一般由施工人员根据实际变坡点自己掌握。

4.3 立井施工放样方法

立井井筒中心就是立井井筒水平断面的几何中心，位于两条十字中线的交点上。十字中线是两条相互垂直且交点通过井筒中心线的直线，其中与井筒提升中心平行或重合的一条称为主十字中线；通过井筒中心的铅垂线称为立井井筒的中心线。

4.3.1　井筒掘进施工测量

4.3.1.1　建立近井点与设置测站点

为了进行井筒中心和十字中线的放样,首先需在实地的井口附近建立近井点。当近井点距井筒中心较远时,可增设测站点。测站点可用导线与近井点以必要的精度进行连接,使测站点离井筒中心的距离最好不超出一尺段的长度。按四等水准测量的要求测设井口高程基点。

4.3.1.2　放样井筒中心

根据实地情况选择放样井筒中心的方法,最常用的是极坐标法,如受地形限制,也可采用角度交会法。井筒中心放出样后,以大木桩或铁钉固定,刻上十字中心以表示井筒中心点的位置。若标定之前尚未测设近井点,可依井口附近控制点用经纬仪导线或交会法建立临时近井点,然后再标定井筒中心点,待建立(应尽快建立)永久近井点后再重测井筒中心点及十字中心方位角。标定井筒中心坐标和十字中线的坐标方位角应按地面一级导线的精度要求实地测定。

4.3.1.3　放样井筒十字中线

① 根据近井点及井筒十字中线方位角计算出标定角 β(近井点与井筒十字中线的夹角),在井筒中心安置经纬仪,后视近井点,依次拨角 $270°$、$180°$、$90°$、β,在井筒的四个方向上各定出一点,该点距井中心 100 m 左右。

② 按设计的基点间距,标出每条中线上的基点位置(在每条中心线上设置 6 个以上基点标桩)。

③ 挖坑、浇注混凝土基点,并在混凝土中埋设铁芯作点位标志。

④ 将经纬仪置于井筒中心点,以 4 个测回检查十字中线的垂直程度,误差不得超过 ± 10 mm。

由于井筒中心在井筒开挖时无法继续保存,所以需要用设立在十字中线上的基点来加以固定。井筒十字中线是竖井建设和生产时期细部放样的重要依据,需要长期保存,故应该设立永久标志。中线基点的埋设要求:

① 中线的基点应选在既便于使用又能长期保存的地方;应不受土方工程及堆积物的影响。

② 避开地面永久及临时建筑物、构筑物,无法避开时应平行于中线建立辅助中线。

③ 为了便于使用和检查中线基点位置,要求在井筒中线每侧的基点数不少于三个。当主要中线上在井口与提升机房一侧不能设三个基点时,可以少设,但需要在提升机房后面再设三个基点,并且使其中一个基点能瞄视到井架平台。点间距一般应不小于 20 m,距井口边缘最近的十字中线点距井筒不宜小于 15 m,沉井法、冻结法施工时应不小于 30 m。

④ 部分十字中线点可设在墙上或其他建筑物上。

⑤ 主十字中线在井口与绞车房之间不能设置三个点时,可少设一个,但须在绞车房后再设三点,其中至少有一个点能瞄视天轮平台。有井塔时,每侧至少有一个点能直接向每层平台上标定十字中线。

⑥ 在井颈或井塔壁上也须设置 4 个十字中线点。

⑦ 基点顶面高程应大致等于工业广场设计高程。

4.3.2　立井井筒掘砌施工测量

4.3.2.1　所需的图纸资料

① 井筒临时和永久锁口的平面布置图和断面图。

② 井筒水平断面图和沿每条井筒十字中线所作的竖直断面图。

③ 井筒掘砌时的设备布置图。

④ 各水平的马头门和硐室施工图。

⑤ 井筒永久装备设计图。

4.3.2.2　立井井筒掘砌施工测量的步骤

① 根据井筒十字中线和井口高程标定锁口的平面位置和高程位置。

② 井筒破土下挖 4～6 m 后砌筑临时井壁和锁口,当施工方案规定不设临时锁口时,则掘进到永久锁口底部高程便直接砌筑永久锁口。临时或永久锁口用混凝土(或料石)砌筑时,均应在砌筑到井口水平时,沿井筒十字中线方向在井壁上设置标志,作为确定井筒十字中线方向的依据,并便于安装固定盘激光梁和激光投点仪。

③ 锁口标定基点应依据井筒十字中线基点在井壁外 3～4 m 处设置,基桩顶高出井口设计高程 0.3 m 左右。确定井口高程误差应不大于±30 mm。

4.3.2.3　井筒中心线的标定

(1) 垂球方法

在封口盘上设置中心定点板,用小绞车下放钢丝(井筒较深时用钢丝绳)或镀锌铁丝,钢丝末端悬挂垂球,垂球质量:井深 200～500 m 时不小于 30 kg,井深 50～200 m 时不小于 20 kg。井筒较深或垂线摆幅大不易找中时,应将井中下线点向下转设。垂线要有 2 倍的安全系数。

(2) 激光投点仪法

在固定盘上方 0.8～1.0 m 处设置激光梁,将立井激光投点仪安设在钢梁上,利用激光的光束指导井筒掘砌。提升孔不通过井筒中心时,将激光投点仪安设在井中位置;提升孔通过井筒中心时,可采用滑轨式固定架安置激光投点仪,提升时摇动摇把,将仪器移向一侧,测量时再将其移至井中。在掘砌过程中还应经常校核激光仪的位置是否正确。

冻结法凿井时,为防止因激光梁变形引起测量误差,可将激光梁安装成可自由伸缩的活动方式;为增大激光的投射距离,需净化井内空气,采用抽出式通风方式掘砌测量。

① 掘砌过程中,根据需要也可设置若干边线,边线距永久井壁一般为 50～100 mm。

② 井筒掘砌时,炮眼布置、井筒断面的检查都根据井筒中心线或激光点进行。

③ 在井筒掘进中,采用激光指向时,每隔 100 m 要用井筒中心垂线在工作面校核光点一次,其投点允许偏差不得超过 15 mm。

④ 井筒砌壁采用激光指向时,每隔 20～30 m 用井筒中心线校核激光束及边线一次,其允许偏差应为±5 mm。

⑤ 砌壁时根据中心垂线或激光点检查模板安置的正确性,用半圆仪或连通管操平托盘,其误差不得大于±20 mm,模板外缘到井中的距离不得小于设计规定。同一圈模板应保持水平,其误差应不大于±50 mm。

⑥ 采用锚喷支护时,在喷混凝土前,可沿井筒圆周用 8 号钢丝埋设 8 个标点,埋设长度

按井筒中心线控制,喷成后按铁丝外露的长度来检查喷厚是否合格。此外,还用弧度板检查其圆滑度。

⑦ 滑模施工时,主要是控制操作平台的位置。操作平台应保持水平,其中心位置要正确。中心位置利用井中垂线或激光点校核,偏差不应超过 20 mm。

⑧ 井筒掘砌完毕后要根据提升容器突出部分离井壁的距离检查井筒的垂直度是否符合设计要求。

4.4　激光测量方法

随着光电技术的发展,传统的标定和延设中腰线的方法被激光指向仪所取代,这就使得劳动强度大为降低,同时大大地提高了掘进速度,适应了采矿机械化的发展要求。我国从 1970 年开始,先后研制成多种型号的矿用防爆型激光指向仪,并广泛应用于矿山。早期的激光指向仪都是氦氖激光指向仪,比较笨重,不易安装。目前我国矿山普遍采用新型半导体激光指向仪,与早期氦氖激光指向仪相比具有体积小、重量轻、寿命长、便于安装使用等优点。下面介绍激光指向仪在巷道掘进中的具体应用。

4.4.1　激光指向仪的结构与特性

激光指向仪一般由防爆外壳、激光器、聚焦系统、悬挂调节机构四部分组成。

4.4.1.1　JZY-1 型便携式半导体激光指向仪

该仪器的主要特点是采用半导体激光器为光源,两节 5 号电池为电源,因此体积大大减小,仪器又设计了悬挂钩,在巷道拐弯较多时使用极为方便。

仪器的结构如图 4-29 所示,由半导体激光发射器 1、电池腔 5、后盖 4、电源开关 2 及悬挂装置 3 五部分组成。

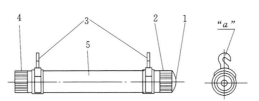

图 4-29　JZY-1 型半导体激光指向仪结构
1——激光发射器;2——电源开关;3——悬挂装置;
4——后盖;5——电池腔

拧开后盖,装入 2 节 5 号干电池后将后盖拧紧,按开关接通电源,则激光发射器即发出红色光束。悬挂装置的两个挂钩挂于巷道内连接两中线点之间的线绳上,激光束穿过前面的中线垂球线给出巷道掘进方向,激光束在掘进工作面形成一个圆形光斑(在 40 m 内,光斑直径不大于 40 mm)。依光斑中心即可布置炮眼、扶棚或检查工程质量。

仪器的主要技术指标如下:

激光波长　　　　　　　　　　　　　(670±10) nm
光功率　　　　　　　　　　　　　　≥3.0 mW

工作电压	DC3 V(2 节 Re 型 5 号电池)
功耗	≤300 mW
半导体激光器使用寿命	50 000 h
工作环境温度	−10～+40 ℃
工作环境相对湿度	95％
储存温度	−40～+60 ℃
工作距离	50 m(光斑 φ ≤40 mm)
外形尺寸	164 mm×40 mm×20 mm
质量	0.26 kg

4.4.1.2 JZY-2 型半导体激光指向仪

仪器结构如图 4-30 所示。

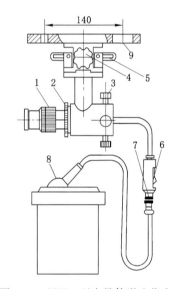

图 4-30 JZY-2 型半导体激光指向仪

1——光斑调节器；2——半导体激光发射器；3——光轴水平调节钮；4——光轴高低调节钮；

5——仪器锁紧装置；6——电源开关；7——防爆电缆连接插头；8——矿灯式可充电电源；9——悬挂调节装置

JZY-2 型半导体激光指向仪的主要技术指标如下：

光功率	≥5 mW
工作电压	DC2.7～3.0 V
有效工作距离	500 m
光斑	φ<40 mm
质量	6.6 kg

其他技术指标与 JZY-1 型相同。

4.4.2 激光指向仪的安置与使用

激光指向仪的安置与光束调整如图 4-31 所示。

① 用经纬仪在巷道中标设一组中线点，A、B、C 点间距离以大于 30 m 为宜，并在中线

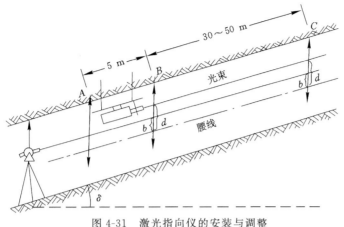

图 4-31　激光指向仪的安装与调整

点垂球线上标出腰线位置。

② 在安置指向仪的中线点处顶板上按一定的尺寸固定四根锚杆,再将带有长孔的两根角钢安在锚杆上。

③ 将仪器的托板用螺栓与角钢相连,根据仪器前后的中线移动仪器,使之处于中线方向上,然后把螺栓固紧。

④ 接通电源,光束即由聚焦镜筒内射出。利用水平调节旋钮使光斑中心对准前方 B、C 两条铅垂线,再上下调整光束,使光斑中心至两垂球线的腰线标志的垂距 d 相同为止。这时红色激光束即是与腰线平行的一条巷道中线,然后锁紧仪器,激光束指示巷道的掘进方向。

激光束射到巷道掘进头的光斑可用光斑大小调节器调整,在 500 m 时,光斑直径可调至 32 mm。

4.4.3　激光指向仪的养护及注意事项

4.4.3.1　激光指向仪的养护

仪器应设专人管理,定期检修,注意日常的养护。

① 仪器在使用、检修和保管过程中要妥善保护,以免损伤或锈蚀。

② 不要擅自拆卸仪器。

③ 定期清除光学镜片上的粉尘,并对调节机构及时涂润滑剂。

④ 仪器不用时,应保存在干燥、通风良好的室内。

4.4.3.2　使用激光指向仪时的注意事项

① 指向仪在现场安装须由测量人员会同施工单位进行。安装完毕后,测量人员应将光束与巷道中腰线的关系向施工人员交代清楚。

② 施工人员在使用前应检查光束是否偏离正确位置,发现问题应及时通知测量人员进行检查调整。

③ 巷道每掘进 100 m,要进行一次检查测量,并根据测量结果调整中腰线。

④ 仪器若是矿用防爆型(KB),可在各级瓦斯矿井使用,若是矿用安全型(KA),只能在二级以下瓦斯矿井使用,且在使用前要与有关单位共同制订安全使用指向仪的措施。

第5章 贯 通 测 量

5.1 概　　述

5.1.1 贯通和贯通测量

一个巷道按设计要求掘进到指定的地点与另一个巷道相通,叫作巷道贯通,简称贯通。为此而进行的测量工作,叫作贯通测量。

通常,巷道贯通是同一巷道在不同的地点以两个或两个以上的工作面,分段掘进,而后彼此相通的。贯通可能出现下述三种情况:

① 两个工作面相向掘进,叫作相向贯通,如图 5-1(a)所示。

② 两个工作面同向掘进,叫作同向贯通,如图 5-1(b)所示。

③ 从巷道的一端向另一端指定处掘进,叫作单向贯通,如图 5-1(c)所示。

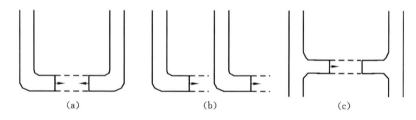

图 5-1　巷道贯通的三种情况

（a）相向贯通；（b）同向贯通；（c）单向贯通

这种井巷施工方式,可以缩短施工周期,改善通风状况和劳动条件,有利于安排生产,它是加快地下工程建设速度的重要技术措施。

井巷贯通时,矿山测量人员的任务是要保证各掘进工作面沿着设计的方向掘进,使贯通后接合处的偏差不能超过某一规定的限度。显然,贯通测量是一项十分重要的工作,因此要求测量人员必须一丝不苟、严肃认真地对待贯通测量工作,以保证贯通工程的顺利完成。

工作中应遵循下列原则:

① 要在确定测量方案和方法时保证贯通所必需的精度,过高的或过低的精度要求都是不对的。

② 对所完成的测量和计算工作应有客观的检查,尤其要防止出现不应有的粗差。

5.1.2 井巷贯通的种类和容许误差

井巷贯通一般分为下列两大类：

第一类是沿导向层的贯通，就是巷道沿矿层或某个地质标志层掘进的贯通。它又可分为两种：沿导向层贯通水平巷道与沿导向层贯通倾斜巷道。

第二类是不沿导向层的贯通。它又可分为三种：① 一井内不沿导向层的贯通；② 两井间的巷道贯通；③ 立井贯通。

由于测量过程中不可避免地带有误差，因此贯通实际上总是存在偏差的。如果贯通接合处的巷道偏差达到某一限值，但仍不影响巷道的正常使用，则称该限差为贯通的容许偏差。这种容许偏差的大小是随采矿工程的性质和需要而定的，也叫作贯通的生产限差。

贯通巷道接合处的偏差可能发生在三个方向上，即沿贯通巷道中心线方向的长度偏差，垂直于贯通巷道中心线的左右偏差（水平面内）和上下偏差（垂直面内）。第一种偏差只对贯通在距离上有一有影响，对巷道质量没有影响，而后两种方向上的偏差对巷道质量有直接影响，所以后两种方向上的偏差又称为贯通重要方向的偏差。贯通的容许偏差是针对重要方向而言的，对立井贯通来说，影响贯通质量的是平面位置的偏差。

井巷贯通的容许偏差值，由矿（井）技术负责人和测量负责人根据井巷的用途、类型及运输方式等不同条件研究确定，如表 5-1 所列，可供实际工作中参照使用。

表 5-1 井巷贯通的容许偏差值

贯通种类	贯通巷道名称	在贯通处的容许偏差/m	
		两中线之间	两腰线之间
第一种	沿导向层开凿的水平巷道	—	0.2
第二种	沿导向层开凿的倾斜巷道	0.3	—
第三种	在同一矿井中开凿的倾斜巷道或水平巷道	0.3	0.2
第四种	在两矿井中开凿的倾斜巷道或水平巷道	0.5	0.2
第五种	用小断面开凿的立井井筒	0.5	—
第六种	全断面开凿并同时砌筑永久井壁	0.1	—
第七种	全断面掘砌并安装罐梁罐道	0.02～0.03	—

用全断面开凿与砌壁的立井中线的贯通容许偏差一般定为 0.1 m，当井筒中预安罐梁罐道时，立井中线的贯通容许偏差一般定为 0.02～0.03 m。这些贯通容许偏差的参考数值总的来说是合理的，但在每个具体工程实施时，还应考虑巷道的支护类型和用途以及运输提升方式等因素。贯通容许偏差值一般由采矿设计人员提出，再由矿井总工程师和测量负责人共同研究确定。

贯通测量的预计误差一般采用中误差的两倍值。当预计误差值超过容许偏差值时，应尽量采用提高测量精度的办法解决。不得已时，也可在施工中采用某些技术措施以达到贯通的要求。

5.1.3 贯通测量的步骤

一般说来,贯通测量的实际工作步骤为:

① 根据贯通测量的容许偏差,选择合理的测量方案和测量方法。对重要的贯通工程,要编制贯通测量设计书,同时进行贯通误差预计,明确采用的测量仪器和方法。

② 依据选定的测量方案和测量方法进行施测和计算贯通几何要素。每一施测和计算工作环节,均须有可靠的检核,并将施测的实际测量精度与设计书中所要求的精度进行比对,若发现实际施测精度低于设计书中所要求的精度时,应找出其原因,采取提高实测精度的相应措施,进行重测。

③ 根据有关数据计算贯通巷道的标定几何要素,并实地标定贯通巷道的中线和腰线。

④ 根据掘进工作的需要,及时延长巷道的中线和腰线。定期进行检查测量,及时填图,并根据测量结果及时调整中线和腰线;当两工作面间的距离在岩巷中剩下 15~20 m、煤巷中剩下 20~30 m 时(快速掘进应于贯通前两天),测量负责人应以书面方式报告矿井总工程师,并通知安全检查部门及施工区队,要停止一头掘进及准备好透巷措施,以免发生安全事故。

⑤ 巷道贯通后,应立即测量贯通的实际偏差值,并将两边的导线连接起来,计算各项闭合差。还应对最后一段巷道的中腰线进行调整。

⑥ 重大贯通工程完成后,应对测量工作进行精度分析,做出技术总结。

5.2 一井巷道贯通测量

凡是由井下一条起算边开始,能够敷设井下导线到达巷道两端的贯通,均属于一井内的巷道贯通,它可分为下述三种情况。

5.2.1 沿倾斜导向层贯通水平巷道

这种贯通的典型情况是沿倾斜或急倾斜煤层贯通平巷,如图 5-2 所示。

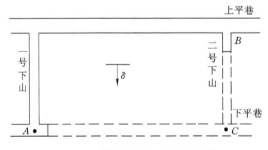

图 5-2　沿倾斜导向层贯通平巷

设下平巷已由一号下山 A 点开切,二号下山已掘至 B 点。为加快下平巷的掘进,当二号下山掘到 C 点后便与 A 点进行相向贯通。由于平巷的水平面内方向受导向层的限制,因此无须给定巷道的中线,而只需保证高程位置的正确就能贯通。

测量和计算步骤如下：

① 进行水准测量和三角高程测量，测得 A、B 两点的高程为 H_A 和 H_B。

② 计算 C 点的高程 H_C。可在巷道平面图上量得 A、C 点间的平距 L_{AC}，并设下平巷由 A 向 C 的坡度为 i（‰），则：

$$H_C = H_A + i \cdot L_{AC} \tag{5-1}$$

③ 计算从 B 点到 C 点的下掘深度 h 和斜长 L_{BC}，则：

$$h = H_B - H_C$$

$$L_{BC} = \frac{h}{\sin \delta} \tag{5-2}$$

式中，δ 为煤层倾角。

当二号下山掘进斜长 L_{BC} 后，测设 C 点，用三角高程测量求出 H_C，并与前面计算所得的 C 点高程相比较，符合要求后就可以作为下平巷掘进的起点。

④ 严格控制下平巷按设计的坡度掘进。掘进时要用水准测量测设腰线点，随时检查坡度并及时填图。

这类沿导向层用腰线控制掘进的平巷，高程上必须严格掌握，导向层在此范围内应无地质构造破坏，而且导向层的倾角要足够大，才可以不标设巷道中线。如图 5-3 所示，由于高程测量误差 ΔH 引起巷道由 D 移至 D'，巷道在水平面内产生的横向位移 ΔL 为：

$$\Delta L = \Delta h \cdot \cot \delta$$

由此可见，巷道在水平面内产生的横向位移量是随导向层倾角 δ 的大小而变化的，当 δ 很小时，由误差 ΔH 所产生的 ΔL 却很大。因此，只有在 δ 大于 30° 的条件下，才可以不标设巷道中线。

5.2.2　沿倾斜导向层贯通倾斜巷道

这种贯通的典型情况是沿倾斜煤层贯通人行上下山。此时由于贯通巷道在高程上受导向层的限制，只需标设巷道在水平面内的方向就可以了。如果发现此区内导向层受到地质构造破坏，那么还应当同时标设巷道的腰线。

在图 5-4 中，上下平巷已经掘好，它们之间的一号下山也已掘好。假如二号下山已由下平巷 D 点掘至 B 点，欲继续沿着 $D—B$ 方向掘进。为了尽快掘通二号下山，决定从上平巷同时往下开掘，这时就需要在上平巷中确定二号下山的预定交点 P 和指向角 β，以便标定上平巷中下掘的开切点和方向。

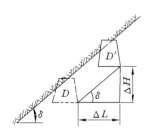

图 5-3　沿导向层贯通时高程误差
对巷道中线的影响

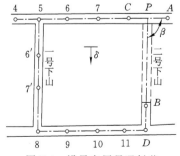

图 5-4　沿导向层贯通斜巷

测量和计算步骤如下：

① 沿平巷和一号下山测设经纬仪导线至 DB 边和预计交点 P 附近的 AC 边上，求出 A、B 点的坐标和 AC、DB 边的方位角，DB 边的方位角即为巷道中线 BP 的方位角。

② 利用解析法列出 AP 和 BP 的直线方程式，求出 P 点的坐标，即：

$$\left. \begin{aligned} y_P - y_A &= \tan \alpha_{AP} \cdot (x_P - x_A) \\ y_P - y_B &= \tan \alpha_{BP} \cdot (x_P - x_B) \end{aligned} \right\} \tag{5-3}$$

解联立方程式，可求得 x_P 和 y_P：

$$\left. \begin{aligned} x_P &= \frac{x_C \tan \alpha_{CD} - x_A \tan \alpha_{AP} - y_C + y_A}{\tan \alpha_{CD} - \tan \alpha_{AP}} \\ y_P &= \frac{y_A \tan \alpha_{CD} - y_C \tan \alpha_{AP} + \tan \alpha_{CD} \tan \alpha_{AP}(x_C - x_A)}{\tan \alpha_{CD} - \tan \alpha_{AP}} \end{aligned} \right\} \tag{5-4}$$

③ 求算 A、B 点到 P 点的平距 l_{AP} 和 l_{BP}，即：

$$\left. \begin{aligned} l_{AP} &= \frac{x_P - x_A}{\cos \alpha_{AP}} = \frac{y_P - y_A}{\sin \alpha_{AP}} \\ l_{BP} &= \frac{x_P - x_B}{\cos \alpha_{BP}} = \frac{y_P - y_B}{\sin \alpha_{BP}} \end{aligned} \right\} \tag{5-5}$$

为了检核，再求算 C 点到 P 点的平距 l_{CP}。l_{AP} 与 l_{CP} 之和应等于 l_{AC}。根据平距 l_{AP} 和 l_{CP} 可在实地标设出下山开切点 P 的位置。

④ 求算指向角 β，即：

$$\beta = \alpha_{PB} - \alpha_{PA} \tag{5-6}$$

根据指向角 β 可在 P 点标设出下山巷道的中线。

在实际工作中，代入大量数据来解算联立方程式是很烦琐的，一般都采用下述方法计算距离。

① 利用三角形的边、角关系求算平距 l_{AP} 和 l_{BP}。

如图 5-5 所示，先根据 A、B 两点坐标反算出长度 l_{AB} 和坐标方位角 α_{AB}。在三角形 APB 中，三条边的坐标方位角均已知，则可算出三个内角 β_A、β_B 和 β_P。AB 边长 l_{AB} 是已知的，可按正弦公式求算出平距 l_{AP} 和 l_{BP}，即：

$$l_{AP} = l_{AB} \cdot \frac{\sin \beta_B}{\sin \beta_P}$$

$$l_{BP} = l_{AB} \cdot \frac{\sin \beta_A}{\sin \beta_P}$$

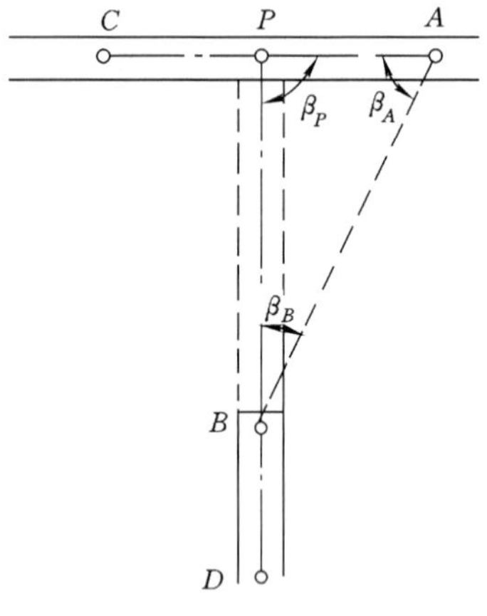

图 5-5　用三角形法求边长

② 上述公式经过推演，导出直接根据 A、B 两点的坐标和 AP、BP 的坐标方位角计算平距 l_{AP} 和 l_{BP} 的公式为：

$$l_{AP} = \frac{(x_A - x_B) \sin \alpha_{BP} - (y_A - y_B) \cos \alpha_{BP}}{\sin(\alpha_{AP} - \alpha_{BP})}$$

$$l_{BP} = \frac{(x_A - x_B) \sin \alpha_{AP} - (y_A - y_B) \cos \alpha_{AP}}{\sin(\alpha_{AP} - \alpha_{BP})}$$

以上两种沿导向层的贯通，如果是在同一采区内，线路总长不到三四百米，而贯通巷道又不是主要巷道时,可在大比例尺图上用图解法来求贯通的几何要素,并可用低精度仪器来测量。

5.2.3　不沿导向层的贯通

不沿导向层贯通平、斜巷时,巷道掘进中上下左右均无导向层可循,因此必须同时标设出贯通巷道的中线和腰线,以保证巷道在水平面内和竖直面内都能正确接合。此时,测量和计算工作包括了上述两部分的内容。

实际工作中,贯通巷道有时既有坡度的变化,又常常带有弯道,而贯通地点有可能在弯道上相遇,这时贯通标定的数据计算也要复杂一些。下面通过带有一个弯道的巷道贯通实例来说明解算过程。

图 5-6 所示为采区上山与大巷贯通中各巷道间的关系,设计要求采区上山(倾角 $\delta = 12°$)到达大巷水平后,继续按上山方向掘石门(坡度 0%),石门与大巷之间尚需通过半径为 $R(R = 12\ \text{m})$ 的一段弯道 AB 才能互相连通。试求算测量标定数据。

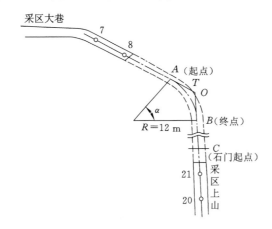

图 5-6　一井内带弯道的巷道贯通

通过在已掘上山和大巷中进行经纬仪导线测量和高程测量,求得测点的数据如下:

大巷:　　$x_8 = 9\ 734.529\ \text{m}$

　　　　$y_8 = 7\ 732.511\ \text{m}$

　　　　$\alpha_{7-8} = 3°46'57''$

　　　　$H_8 = -121.931\ \text{m}$(测点 8 高于轨面 2.613 m)

上山:　　$x_{21} = 9\ 879.227\ \text{m}$

　　　　$y_{21} = 7\ 917.675\ \text{m}$

　　　　$\alpha_{20-21} = 236°17'03''$

　　　　$H_{21} = -129.439\ \text{m}$(测点 21 高于腰线点 1.240 m,腰线距轨面法线高 1 m)

解算步骤如下:

① 求石门与大巷在直线相交时尚需掘进的距离 l_{8-O} 和 l_{21-O},其具体解算见表 5-2。由表中得:

　　　　$l_{8-O} = 22.159\ \text{m}$ 　　　　　　　$l_{21-O} = 220.849\ \text{m}$

表 5-2　坐标计算表

站点号		水平角			方位角象限角			$\cos \alpha$$\sin \alpha$	水平边长l/m	坐标增量		坐　标		测站编号
仪器站	觇准点	(°)	(′)	(″)	(°)	(′)	(″)			Δx/m	Δy/m	x/m	y/m	
												9734.529	7732.511	8
8	A	180	00	00	3 3	46 46	57 57	0.997822 0.065969	16.241	16.206	1.071	9750.735	7733.582	A
A	1	193	07	32	16	54	29	0.956772 0.290836	5.450	5.214	1.585	9755.949	7735.167	1
1	B	206	15	03	43	09	32	0.729459 0.684024	5.450	3.976	3.728	9758.925	7738.895	B
B	C	193	07	31	56	17	03	0.555071 0.831801	181.260	100.613	150.772	9860.538	7889.667	C
C	21	180	00	00	56	17	03	0.555074 0.831801	33.671	18.690	28.008	9879.228	7917.675	21

② 计算弯道转角 α 和切线长 T：

$$\alpha = \alpha_{21-20} - \alpha_{7-8} = 56°17'03'' - 3°46'57'' = 52°30'06''$$

$$T = R \cdot \tan \frac{\alpha}{2} = 12 \times \tan 26°15'03'' = 5.918 \text{（m）}$$

③ 计算大巷 8 点到弯道起点 A 的长度：

$$l_{8-A} = l_{8-O} - T = 22.159 - 5.918 = 16.241 \text{（m）}$$

④ 计算采区上山从 21 点起的剩余长度和从石门起点 C 到弯道终点 B 的长度。为此应先求出测点 8 处轨面和点 21 处轨面的高差 h，即：

$$H_{8\text{轨}} = -121.931 - 2.613 = -124.544 \text{（m）}$$

$$H_{21\text{轨}} = -129.439 - 1.240 - \frac{1}{\cos 12°} = -131.701 \text{（m）}$$

$$h = -124.544 - (-131.701) = 7.157 \text{（m）}$$

则采区上山剩余长度（平距）：

$$l_{21-C} = \frac{h}{\tan \delta} = \frac{7.157}{\tan 12°} = 33.671 \text{（m）}$$

石门直线段长度（平距）：

$$l_{CB} = l_{21-O} - T - l_{21-C} = 220.849 - 5.918 - 33.671 = 181.260 \text{（m）}$$

⑤ 计算弯道的弦长和转角。参见图 5-7，设 $n = 2$，则：

弦长
$$l = 2R \cdot \sin \frac{\alpha}{2n} = 2 \times 12 \times \sin \frac{52°30'06''}{4} = 5.450 \text{（m）}$$

转角
$$\beta_A = \beta_B = 180° + \frac{\alpha}{2n} = 180° + \frac{52°30'06''}{4} = 193°007'32''$$

$$\beta_1 = 180° + \frac{\alpha}{n} = 180° + \frac{52°30'06''}{2} = 206°15'03''$$

⑥ 计算整个设计导线，使坐标闭合以检查计算的正确性。全部解算正确以后，即可按设计导线数据，在实地标设巷道中线和腰线。标设时应严格按照算得的数据进行。掘进一段后，应进行检查测量，若发现有偏差，应及时纠正，以保证巷道正确贯通。

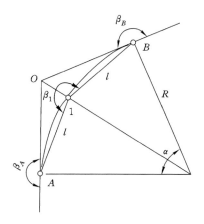

图 5-7　弯道的计算

5.2.4　一井内巷道贯通测量误差的预计

一井内巷道贯通时只需要进行井下导线测量和高程测量,并不需要进行地面连测和联系测量等工作,其贯通误差预计只是估算井下导线测量和高程测量在贯通点处重要方向上误差的大小。

5.2.4.1　贯通相遇点 K 水平重要方向 x' 上的误差预计

如图 5-8 所示,一井内贯通测量在水平重要方向 x' 上的误差,实际上就是从贯通点 K 开始,沿上、下平巷和一、二号下山布设导线,并测回到 K 点所引起的测量误差。从表面上看似乎是一条闭合导线 $K-1-2-\cdots-16-K$,但由于巷道在贯通前实际上是一条支导线,所以预计贯通点在水平重要方向 x' 上的误差实质上是预计支导线终点在水平重要方向 x' 上的误差 $M_{x'_K}$ 的大小。

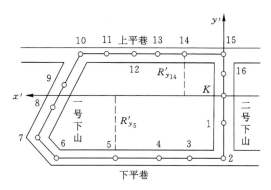

图 5-8　一井内巷道贯通误差预计图

由精度分析可知,导线测量的测角误差引起的 K 点在 x' 方向上的误差大小为:

$$M_{x'_\beta} = \pm \frac{m_\beta}{\rho} \sqrt{\sum_{i=1}^{n} R_{y'_i}^2} \tag{5-7}$$

式中　　m_β ——井下导线测角中误差;

$R_{y'i}$ ——K 点与各导线点的连线在 y' 轴方向上的投影长度,可从设计图上量取;

n——导线点数。

由导线测量的测边误差引起的 K 点在 x' 方向上的误差大小为:

当用钢尺量边时,有:

$$M_{x'l} = \pm a \sqrt{\sum_{i=1}^{n} l_i \cos^2\alpha'_i} \tag{5-8}$$

当用光电测距时,有:

$$M_{x'l} = \pm \sqrt{\sum_{i=1}^{n} m_{l_i}^2 \cos^2\alpha'_i} \tag{5-9}$$

式中　m_{l_i} ——井下光电测距的量边误差,一般按仪器厂家给定的计算公式确定;

α'_i ——导线各边与 x' 轴的夹角;

l_i ——各导线边长;

n——导线边数;

a ——钢尺量边的偶然误差影响系数。

K 点在 x' 方向上的预计中误差为:

$$M_{x'K} = \pm \sqrt{M_{x'\beta}^2 + M_{x'l}^2} \tag{5-10}$$

若导线独立观测 n 次,则可以计算 n 次算术平均值的中误差为:

$$M_{x'K平} = \frac{M_{x'K}}{\sqrt{n}} \tag{5-11}$$

取两倍中误差作为 K 点在竖直方向的预计误差,则有:

$$M_{x'K预} = 2M_{x'K平} \tag{5-12}$$

5.2.4.2　贯通相遇点 K 在竖直方向上的误差预计

一井内贯通测量在竖直方向上的误差,是由上、下平巷中的水准测量和一、二号下山中的三角高程测量误差引起的,可按水准测量和三角高程测量的误差计算公式分别计算,然后求其误差累积的总和。

井下水准测量误差可以按水准路线长度或按水准测量的测站数分别进行估算。

当水准测量每千米观测高差中误差都相同时,可以按下式进行估算水准测量中的误差:

$$M_{H水} = \pm m_{千米} \sqrt{R} \tag{5-13}$$

式中　$M_{H水}$ ——水准测量观测高差的中误差;

$m_{千米}$ ——1 km 水准测量观测高差中误差,可按有关测量规程或按以往实测资料分析求得;

R ——水准路线总长度,km。

当水准测量每测站观测高差中误差都相同时,可以按下式估算水准测量的中误差:

$$M_{H水} = \pm m_{站} \sqrt{n} \tag{5-14}$$

式中　$m_{站}$ ——每测站水准测量观测高差中误差,有时取水准尺读数误差;

n ——水准测量的总测站数。

井下三角高程测量引起的高差中误差可按下式进行估算:

$$M_{H经} = \pm m_{千米经} \sqrt{L} \tag{5-15}$$

式中　$m_{千米经}$——1 km 三角高程测量观测高差中误差,可按有关测量规程或按以往实测
资料分析取得;

L——三角高程测量路线总长度,km。

K 点在竖直方向的预计中误差为:

$$M_{HK} = \pm\sqrt{M_{H水}^2 + M_{H经}^2} \tag{5-16}$$

若独立观测 n 次,则可以计算 n 次算术平均值的中误差为:

$$M_{HK平} = \frac{M_{HK}}{\sqrt{n}} \tag{5-17}$$

取两倍中误差作为 K 点在竖直方向的预计误差,则有:

$$M_{H预} = 2M_{HK平} \tag{5-18}$$

【例 5-1】　如图 5-8 所示,为贯通二号下山,已知上、下平巷总长度为 1 200 m,两个下山
的总长度均为 380 m,设计采用 30″导线进行井下平面控制测量。高程控制测量时,平巷内
采用水准测量,斜巷内采用三角高程测量,控制测量均独立进行两次。根据以往实测资料和
经验积累,基本误差参数取为 $a_平 = 0.000\ 8$, $a_斜 = 0.001\ 6$, $m_{千米} = \pm 17.7$ mm, $m_{千米经} = \pm 50$ mm。　试分别预计 K 点在水平重要方向和竖直方向的贯通误差。

解:　作 1∶2 000 的贯通测量设计图,在图 5-8 上分别量取 $R_{y'}$ 和 $l\cos^2\alpha'$,累积求和得:

$$\sum_{i=1}^{n} R_{y'i}^2 = 453\ 600\ \text{m}^2$$

$$\sum_{i=1}^{n} l_i \cos^2\alpha'_i = 1\ 122\ \text{m(平巷)}$$

$$\sum_{i=1}^{n} l_i \cos^2\alpha'_i = 55\ \text{m(斜巷)}$$

按设计要求取 $m_\beta = 30''$,导线测角引起的误差为:

$$M_{x'_\beta} = \pm\frac{m_\beta}{\rho}\sqrt{\sum_1^n R_{y'}^2} = \pm\frac{30}{206\ 265} \times \sqrt{453\ 600} = \pm 0.098\ (\text{m})$$

导线量边引的误差为:

$$M_{x'_i} = \pm\sqrt{a_平^2 \sum_1^n l\cos^2\alpha' + a_斜^2 \sum_1^n l\cos^2\alpha'}$$

$$= \sqrt{0.000\ 8^2 \times 1\ 122 + 0.001\ 6^2 \times 55} = \pm 0.029\ (\text{m})$$

K 点在 x' 方向上的预计中误差为:

$$M_{x'_K} = \pm\sqrt{M_{x'_\beta}^2 + M_{x'_i}^2} = \sqrt{0.098^2 + 0.029^2} = \pm 0.102\ (\text{m})$$

因独立测量两次,则两次算术平均值的中误差为:

$$M_{x'_K} = \frac{M_{x'_K}}{\sqrt{2}} = \frac{0.102}{\sqrt{2}} = \pm 0.072\ (\text{m})$$

取两倍中误差作为 K 点在 x' 方向上的预计误差:

$$M_{x'_{K预}} = 2M_{x'_{K平}} = \pm 0.144\ (\text{m})$$

有关规程规定贯通容许误差为 ±0.3 m,本例的贯通在水平重要方向上的预计误差远远
小于贯通容许误差,而且可以看出测角误差引起的贯通误差是主要的。因此,如果误差超

限,则应重点考虑提高角度测量的精度。

水准测量的中误差:

$$M_{H水} = \pm m_{千米} \sqrt{R} = \pm 17.1 \times \sqrt{1.2} = \pm 19.4 \ (mm)$$

三角高程测量引起的高差中误差可按下式进行估算:

$$M_{H经} = \pm m_{千米经} \sqrt{L} = \pm 50 \times \sqrt{0.76} = \pm 43.6 \ (mm)$$

K 点在竖直方向上的预计中误差为:

$$M_{HK} = \pm \sqrt{M_{H水}^2 + M_{H经}^2} = \pm \sqrt{19.4^2 + 43.6^2} = \pm 47.7 \ (mm)$$

因独立观测两次,则可以计算两次算术平均值的中误差为:

$$M_{HK平} = \frac{M_{HK}}{\sqrt{n}} = \pm 33.7 \ (mm)$$

取两倍中误差作为 K 点在竖直方向上的预计贯通误差:

$$M_{H预} = 2M_{HK平} = \pm 67.4 \ (mm)$$

由本例可以看出,有关规程所规定的在竖直方向的容许误差为 ± 0.2 m 的要求是很容易达到的。

5.3　两井间的巷道贯通测量

5.3.1　两井间巷道贯通的测量工作

两井间的巷道贯通是指巷道贯通前,井下不能由一条起算边向贯通巷道两端敷设井下导线的贯通。为保证两井间巷道的正确贯通,两井间的测量数据必须统一。所以这类贯通的特点是在两井间要进行联系测量,并且要进行地面测量和井下测量,因而积累的误差一般较大,必须采用更精确的测量方法和更严格的检查措施。下面通过一个典型例子说明这类贯通测量工作。

图 5-9 为某矿中央回风上山贯通的示意图。该矿用立井开拓,主副井−425 m 水平开掘井底车场和主要运输大巷。风井在−70 m 水平开掘总回风巷。中央回风上山位于矿井的中部,采用相向掘进。由−425 m 水平井底车场绕道起,按一定的倾角(不沿煤层)通往−125 m水平的巷道。这是两井间不沿导向层的巷道贯通,必须同时标设巷道掘进的中线和腰线,以保证中央回风上山贯通。为此需要进行下述测量工作:

5.3.1.1　主、副井与风井之间的地面连测

两井间的地面连测可以采用导线、独立三角锁或在原有矿区三角网中插点等方式。该矿地面比较平坦,采用了导线连测。先分别在主、副井和风井附近建立近井点(12 点和 04 点),在 12 点和 04 点间布设连测导线,并附合到附近的三角点上,作为检核。在两井之间还要进行水准测量,求出近井点的高程。

5.3.1.2　主、副井与风井分别进行矿井联系测量

主、副井采用两井定向方法求出井下起始边Ⅲ$_{01}$−Ⅲ$_{02}$的坐标方位角和井下定向基点Ⅲ$_{01}$的坐标。风井采用一井定向方法,求出井下起始边Ⅰ$_0$−Ⅰ$_1$的坐标方位角和井下定向基点Ⅰ$_0$的坐标。当然,应尽可能采用陀螺定向方法。同时通过风井和副井进行导入高程测

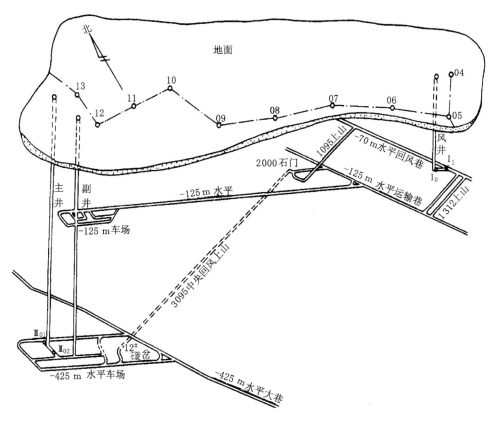

图 5-9　两井间中央回风上山贯通示意图

量,求出井下水准基点的高程。

矿井联系测量工作均需独立进行两次,以资检核。若在矿井建设时期已进行过精度能满足贯通要求的矿井联系测量,而且井下基点牢固未动,可再进行一次,将两次成果进行比较,互差满足要求,即可取平均值使用。

5.3.1.3　井下导线和高程测量

从-425 m井底车场的井下起始边测设导线到中央回风上山的下口,再从风井井底的井下起始边测设导线到中央回风上山的上口,敷设导线要选择线路短、条件好的巷道。如果条件允许,导线可以布设成闭合导线作为检核,支导线则必须独立进行两次测量。

高程测量在水平巷道采用水准测量,斜巷采用三角高程测量,分别测出中央回风上山的上、下口处腰线点的高程。

5.3.1.4　求算贯通巷道的方向和坡度

根据中央回风上山的上、下口的导线点坐标和腰线点高程,反算出上山的方向和坡度,并进行实地标设工作。在掘进过程中应经常检查和调整掘进的方向和坡度。

两井间的巷道贯通,由于涉及联系测量,积累的误差较大,尤其是两井间距离较大时更为明显。为保证贯通闭合差不超过容许偏差,对于大型贯通,要针对具体情况优选施测方案和测量方法,并进行贯通误差预计。

5.3.2 两井间巷道贯通测量误差预计

绘制一张比例尺不小于 1∶2 000 的误差预计图,其形式如图 5-10 所示(但图 5-10 在印制时比例尺已缩小)。在图上根据设计和生产部门共同商定的贯通相遇点位置绘出 K 点,过 K 点作 x' 轴与 y' 轴(y' 轴沿待贯通的中央回风上山中心线方向,x' 轴与 y' 轴垂直),并在图上标出设计的导线点位置。

5.3.2.1 贯通相遇点 K 在水平重要方向 x' 上的误差预计

(1)地面导线测量误差引起 K 点在 x' 方向上的误差

① 测角误差引起的误差

$$M_{x'_{\beta\pm}} = \pm \frac{m_{\beta\pm}}{\rho} \sqrt{\sum_{\pm} R_{y'}^2} = \pm \frac{4.8}{2.06 \times 10^5} \times \sqrt{228 \times 10^4} = \pm 0.036 \ (\text{m})$$

其中,$\displaystyle\sum_{\pm} R_{y'}^2$ 是由预计图(图 5-10)上先量得 $R_{y'}$,填入表 5-3 中,再求平方求和而得。

表 5-3 $\sum R_{y'}^2$ 值计算表

导线点号	$R_{y'}$	导线点号	$R_{y'}$	导线点号	$R_{y'}$	导线点号	$R_{y'}$
地面导线		I_4	682	II_{03}	416	$\text{III}_{19'}$	544
04	644	I_5	700	$\text{II}_{03'}$	408	$\text{III}_{18'}$	584
05	658	I_6	712	$\text{II}_{04'}$	362	$\text{III}_{17'}$	570
06	390	2	676	$\text{II}_{05'}$	342	$\text{III}_{16'}$	582
07	120	3	616	$\text{II}_{06'}$	330	III_{16}	592
08	130	4	562	$\text{II}_{07'}$	328	III_{17}	650
09	344	5	540	下_1	280	$\text{III}_{08'}$	628
10	462	东	524	下_2	210	III_{08}	602
11	604	中	512	下_3	140	III_{07}	622
12	744	西	500	下_4	70	III_{06}	868
$\sum R_{y'}^2$	2 281 232	II_1	484	上_7	70	III_{05}	744
井下导线		II_2	478	上_6	140	III_{04}	808
I_0	650	II_4	452	上_5	210	III_{03}	810
I_1	664	II_5	440	上_4	280	III_{02}	806
I_2	674	II_6	416	上_3	350	III_{01}	788
I_3	678	II_7	402	上_2	420	$\sum R_{y'}^2$	15 274 991
		II_9	416	上_1	490		

② 量边误差引起的误差

$$M_{x'_{l\pm}} = \pm \sqrt{\sum_{\pm} m_l^2 \cos^2 \alpha'} = \pm 0.014 \ (\text{m})$$

其中,$m_l = \pm 6 \ \text{mm}$,α' 是各边与 x' 轴方向的夹角。

(2)定向误差引起 K 点在 x' 方向上的误差

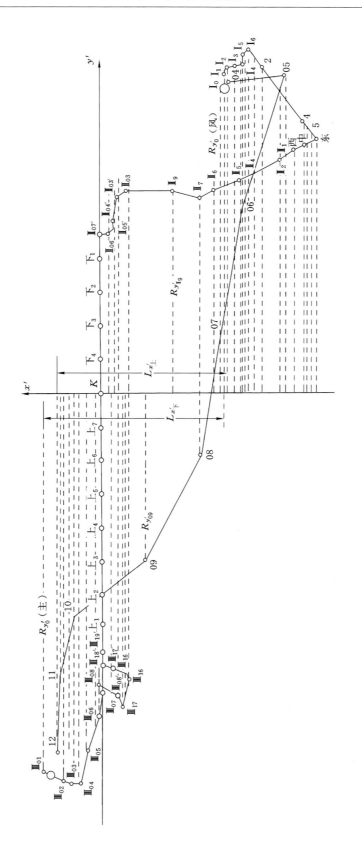

图 5-10 两井间巷道贯通误差设计图

① 主、副两井独立两次定向平均值的误差所引起的误差

$$M_{x'_0 \pm} = \pm \frac{m_{a0}}{\rho \sqrt{2}} R_{y'_0 \pm} = \frac{\pm 16}{206 \times 10^3 \sqrt{2}} \times 788 = \pm 0.043 \text{（m）}$$

② 风井一井独立三次定向平均值的误差所引起的误差

$$M_{x'_0 风} = \pm \frac{m_{a0}}{\rho \sqrt{3}} R_{y'_0 风} = \frac{\pm 32}{206 \times 10^3 \sqrt{3}} \times 650 = \pm 0.058 \text{（m）}$$

（3）井下导线测量误差引起的 K 点在 x' 方向上的误差

① 测角误差引起的误差（角度独立测量两次）

$$M_{x'_{\beta 下}} = \pm \frac{m_{\beta 下}}{\rho \sqrt{2}} \sqrt{\sum_{下} R_{y'}^2} = \pm \frac{5.6}{206 \times 10^3 \sqrt{2}} \sqrt{1527 \times 10^4} = \pm 0.076 \text{（m）}$$

② 量边误差引起的误差（边长独立测量两次）

$$M_{x'_{lx 下}} = \frac{1}{\sqrt{2}} \sqrt{\sum_{下} m_l^2 \cos^2 \alpha'} = \pm 0.018 \text{（m）}$$

（4）贯通在水平重要方向 x' 上的总误差

$$M_{x'K} = \pm \sqrt{M_{x'_{\beta 上}}^2 + M_{x'_{l 上}}^2 + M_{x'_0 \pm}^2 + M_{x'_0 风}^2 + M_{x'_{\beta 下}}^2 + M_{x'_{l 下}}^2}$$

$$= \pm \sqrt{0.036^2 + 0.014^2 + 0.043^2 + 0.058^2 + 0.076^2 + 0.018^2} = \pm 0.113 \text{（m）}$$

（5）贯通在水平重要方向上的预计误差

$$M_{x'预} = 2M_{x'K} = \pm 0.226 \text{（m）}$$

5.3.2.2 贯通相遇点 K 在高程上的误差预计

① 地面水准测量误差引起的 K 点高程误差

$$M_{H 上} = \pm m_{hL} \sqrt{L} = \pm 0.007 \times \sqrt{1.5} = \pm 0.009 \text{（m）}$$

② 导入高程引起的 K 点高程误差

$$M_{H0 \pm} = M_{H0 风} = \pm 0.018 \text{（m）}$$

③ 井下水准测量引起的 K 点高程误差

$$M_{H 水} = \pm m_{hL} \sqrt{R} = \pm 15 \text{ mm} \sqrt{1.16} = \pm 17 \text{ mm} = \pm 0.017 \text{（m）}$$

④ 井下三角高程测量引起的 K 点高程误差

$$M_{H 经} = \pm m_{hL} \sqrt{L} = \pm 32 \sqrt{1.13} = \pm 34 \text{ mm} = \pm 0.034 \text{（m）}$$

⑤ 贯通在高程上的总中误差（以上各项高程测量均需独立进行两次）

$$M_{HK 平} = \pm \frac{1}{\sqrt{2}} \sqrt{M_{H 上}^2 + M_{H0 \pm}^2 + M_{H0 风}^2 + M_{H 水}^2 + M_{H 经}^2}$$

$$= \pm \frac{1}{\sqrt{2}} \sqrt{0.009^2 + 0.018^2 + 0.018^2 + 0.017^2 + 0.034^2} = \pm 0.031 \text{（m）}$$

⑥ 贯通在高程上的预计误差

$$M_{H预} = M_{HK 平} = 2 \times 0.031 = \pm 0.062 \text{（m）}$$

从以上误差预计结果可知：在水平重要方向上和高程上均未超过容许的贯通偏差值，说明所选定的测量方案和测量方法是能满足贯通精度要求的。通过误差预计可以看出，在引起水平重要方向上的贯通误差的诸多因素中，井下测角误差及风井一井定向误差是最主要的误差来源。而高程预计误差仅为 0.031 m，远小于容许的贯通高程偏差值，说明目前的高

程测量仪器及方法所达到的技术水平,已足够保证大型贯通测量的精度要求。

5.4 立井贯通测量工作

立井贯通最常见的有两种情况:一种是从地面和井下相向开凿的立井贯通,另一种是延深立井时的贯通。

5.4.1 从地面和井下相向开凿的立井贯通

如图 5-11 所示,在距一号立井较远的地方要新开凿三号立井,并决定采用相向开凿方式贯通。一方面从地面向下开凿新井,另一方面同时从原运输大巷继续掘进,开凿完二号立井的井底车场后,在车场巷道中标定出二号井的井筒中心位置。由此向上开凿小断面反井,待贯通后再按设计刷成全断面大井。当然,也可以用全断面相向贯通。

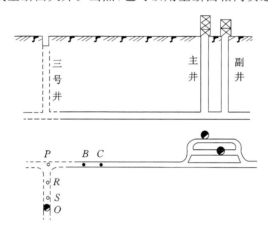

图 5-11 从地面和井下相向贯通立井

这时的测量工作简述如下:

① 进行地面连测,建立主、副井和三号井的近井点。地面连测方案可视两井间的距离和地形情况而定。

② 以三号井的近井点为依据,实际测定井筒中心(井中)的坐标。

③ 通过主、副井进行定向测量,确定井下导线起始边的坐标方位角和起始点的坐标。

④ 在井下运输大巷中测设导线,测定 B 点的坐标和 $C—B$ 的坐标方位角。

⑤ 根据三号井井底车场设计的出车方向、井中坐标及运输大巷设计的方向与 B 点坐标,即可反算出转弯处 P 点的坐标和相应的弯道参数。

⑥ 按 $B—P$ 和 $P—O$ 的方向和距离(即按设计导线)继续掘进运输大巷和开掘三号井井底车场。测量人员要经常标设中腰线,并进行检查测量。

⑦ 掘过井中位置后,可依据井中附近的导线点 R 和 S 准确地在巷道中标定出井中心 O 的位置,并牢固地埋设好标桩,此后便可开始向上打小断面反井。

在立井贯通中,高程的误差对贯通的影响不大,一般可以利用原有高程成果并进行补测,最后可根据井底的高程推算接井的深度。当接近贯通接合处时要提前通知建井施工单位,停止一头的掘进工作,采取相应的安全技术措施。

在这类立井贯通中,尤其是全断面开凿一次成井的相向贯通,立井中线的贯通容许偏差较小,通常要进行误差预计工作,做到心中有数,以免造成重大损失。

5.4.2 延深立井时的贯通

在生产矿井中,为了开拓深部水平,需要将正在生产中的井筒延深至下一个水平,而往往又不允许停止生产井筒中的提升来进行延深。为此,可以从下水平之井中位置向上开凿立井与原有生产井筒贯通,或者通过辅助下山至原有生产井底的保护岩柱下面,同时向下开凿井筒进行对接贯通。所以这类立井延深的问题,实质上就是立井井筒的单向贯通或相向贯通问题。

如图 5-12 所示,一号井原来已掘到一水平,现在要延深到二水平。由于从一水平已通过下山到达二水平,故决定除在井底岩柱(高 6~8 m)下面向下延深外,同时在二水平开掘井底车场,向上打反井进行贯通。

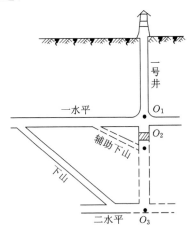

图 5-12　延深立井时的贯通

在二水平开掘井底车场和标设井中位置的测量工作与前一个例子(图 5-11)基本相同,但这里没有地面连测和定向测量工作(若是通过暗井到达二水平时,有暗井定向测量)。主要测量工作是从一水平井底车场中的起始导线边开始,沿大巷和下山测导线到二水平,以标设井底巷道掘进方向,并标定井中 O_3 点。在标设井中前,必须在一水平测出一号井在该水平的实际井中 O_1 点坐标,而不能采用地面井中的坐标,更不能用原来的设计井中坐标。因为井筒不可能完全铅直且有可能变形,而延深的井筒是要和一水平井底相接的,所以一定要实际测定井筒中心坐标。

另一方面,从一水平井底车场附近开掘辅助巷道达临时水平后,即在一号井原井筒保护岩柱的正下方,刷大成延深井,再向下延井,使延井工作不影响原井筒的提升。为此,要在临时水平依据井中 O_1 的坐标,准确标定井中 O_2 点。目前,延深立井均采用全断面掘进,甚至要求在打开岩柱之前要把下部井筒内的罐梁罐道也全部安装好,因此要求标定井中必须十分准确。

5.4.3　竖(立)井贯通误差预计

立井贯通时,测量工作的主要任务是保证井筒上、下两个掘进工作面上所标定的井筒中心位于一条铅垂线上,贯通的偏差为上、下两个工作面上井筒中心的相对偏差,而竖直方向在立井贯通中属于次要方向,无须进行误差预计。

实际工作中,一般是分别预计井筒中心在提升中心线方向(作为假定的 y' 方向)和与它垂直的方向(作为假定的 x' 方向)上的误差,然后再求出井筒中心的平面位置误差。当然,也可以直接预计井筒中心的平面位置误差。

立井贯通的几种典型情况和它们所需进行的测量工作,已在前面有所介绍。对于从地面和井下相向开凿的立井贯通(图 5-13),需要进行地面测量、定向测量和井下测量。这些测量误差所引起的贯通相遇点(井筒中心)的误差,其预计方法与前面讨论的预计方法基本相同,只是必须同时预计 x' 和 y' 两个方向上的误差,并按下式求出平面位置中误差:

$$M_{中} = \pm \sqrt{M_{x'}^2 + M_{y'}^2} \tag{5-19}$$

立井延深贯通时,贯通点的平面位置误差只受井下导线测量误差的影响,所以可按下式直接预计相遇点的平面位置中误差。

钢尺量边时:

$$M_{中} = \pm \sqrt{\frac{m_\beta^2}{\rho^2} \sum R_i^2 + a^2 \sum l_i} \tag{5-20}$$

光电测距时:

$$M_{中} = \pm \sqrt{\frac{m_\beta^2}{\rho^2} \sum R_i^2 + \sum m_{l_i}^2} \tag{5-21}$$

式中　R_i ——导线各点与井中连线的水平投影长度;

l_i ——导线各边边长。

当采用辅助下山和辅助平巷在原井筒下部的保护岩柱(或人造保护盖)下进行井筒延深时,由于这时多为井筒全断面掘进,甚至要求将下部新延深的井筒中的罐梁罐道全部安装好后再打开保护岩柱,所以对井中标设精度要求很高,尽管这时的导线距离不长,一般也需要进行误差预计。下面通过一个实例来说明井筒延深时贯通的误差预计方法。

【例 5-2】 某矿立井延深工程如图 5-13 所示,在预留的 6 m 保护岩柱下进行施工。要求在下部新掘进的井筒中预先安装罐梁罐道,破岩柱后上、下罐道准确连接,罐道连接时在 x' 和 y' 方向上的容许偏差预定为 10 mm,即井筒中心位置的容许偏差为 $10\sqrt{2}$ mm = 14 mm。

采用的测量方案和测量方法:根据井巷具体情况,从立井井底车场内的 1 点经正石门、绕道、辅助下山至临时水平的 13 号点测设光电测距导线,共计 13 个导线点,全长 346 m。其中 1 号点用以测定立井井底原有井筒中心坐标,13 号点用以标定保护岩柱下立井井筒延深部分的井筒中心位置。导线先后独立实测 3 次,两次对中,每次对中一个测回角,测回间互差小于 10″,量边往、返各两个测回,测回间互差不大于 10 mm,往返测互差不大于边长的1/10 000。

解:首先绘制一张比例尺为 1∶1 000 的误差预计图(图 5-13)。导线测量误差参数参

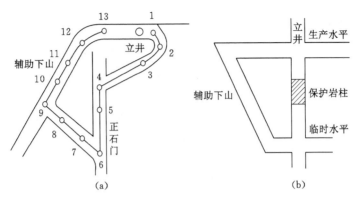

图 5-13 立井延深贯通图

(a) 巷道平面图；(b) 立井剖面图

照仪器标称精度及实测数据分析取 $m_\rho = \pm 5''$，$m_l = \pm 3$ mm，考虑导线测量共独立施测 3 次，取其平均值作为标定井筒中心的依据，则井中的预计误差为：

$$M_{\text{预}} = \pm 2 \sqrt{\frac{1}{3} \left[\frac{m_\beta^2}{\rho^2} \sum R_i^2 + \sum m_{l_i}^2 \right]} = \pm 12.6 \text{（mm）}$$

5.5 贯通测量实际偏差测定及调整

实际偏差值的测定是巷道贯通后的一项重要的工作，具有以下作用：

① 对巷道贯通的结果做出最后的评定。

② 用实际数据检查测量工作的成果，进而验证贯通测量误差预计的正确程度，以丰富贯通测量的经验和理论。

③ 通过贯通后的连测，可使原来没有闭合或附合条件的井下测量控制网有了可靠的检核。

④ 作为巷道中腰线最后调整的依据。

因此《煤矿测量规程》规定：井巷贯通后，应在贯通点处测量贯通实际偏差值，并将两端导线、高程连接起来，计算各项闭合差。重要贯通测量完成后，还应进行精度分析，并做出总结。总结要连同设计书和全部内、外业资料一起保存。

5.5.1 贯通后实际偏差的测定

5.5.1.1 平、斜巷贯通时水平面内偏差的测定

测定贯通巷道在水平面内的偏差包括下列两项工作：

① 用经纬仪或全站仪把两端巷道的中心线都延长到巷道接合面上，量出两中心线间的距离，其大小就是贯通巷道在垂直于巷道中心线方向的实际偏差，如图 5-14（a）所示。应当指出，有时不能完全反映偏差的真实情况。如图 5-14（b）所示，O 点是贯通巷道 A、B 两端的相遇点，尽管巷道两端在水平面内发生偏斜，但两中线仍相交于一点 O，此时应将两中线方向的实际偏差角 $\Delta\beta$ 测出来。

② 将巷道两端导线的端点,用经纬仪或全站仪连测闭合起来,计算出闭合边方位角的差值和坐标闭合差,这些差值实际上也反映了贯通平面测量的精度。

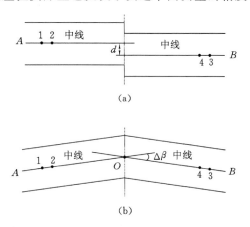

图 5-14　贯通巷道水平面内偏差的测定

5.5.1.2　平、斜巷贯通时竖直面内偏差的测定

测定贯通巷道在竖直面内的偏差包括下列两项工作:

① 用水准仪测出或直接量出贯通接合面上两端接线点的高差,其大小就是贯通在竖直面内的实际偏差。

② 用水准测量或经纬仪三角高程测量连测两端巷道中的已知高程点(水准点或经纬仪导线点),其高程闭合差也就是贯通点在竖直面内的偏差。它实际上反映了贯通高程测量的精度。

5.5.1.3　立井贯通后井中实际偏差的测定

立井贯通后进行定向测量,重新测定井下导线边的方位角和标定井中位置用的导线点的坐标,然后根据井下导线点的实际坐标偏差(Δx,Δy),便可求出导线点位的实际偏差 $\Delta = \sqrt{\Delta x^2 + \Delta y^2}$,即为立井中心的实际偏差。

在地面或上水平的井中处挂垂球线,直接丈量井中的实际偏差值。有时也测绘出贯通接合处上下两段井筒的横断面图,从图上求出两中心的偏差值。

在预安罐梁罐道的立井贯通时,可挂垂球线测定罐道实际接合差。

5.5.2　贯通后巷道中腰线的调整

测定贯通巷道的实际偏差后,需对中腰线进行调整。

5.5.2.1　巷道中线的调整

巷道贯通后,如实际偏差在容许的范围之内,对次要巷道只需将最后几架棚子加以修整即可;对于运输巷道或砌碹巷道,则可将巷道相遇点一端的中线点与另一端的中线点的连线代替原来的中线,作为铺轨和砌碹的依据,如图 5-15 所示。

5.5.2.2　巷道腰线的调整

实测巷道两端的腰线点高差之后,可按实测高程和距离算出坡度。在运输平巷中,如果算出的坡度与原设计坡度相差在 2‰ 以内,则按实际算出的坡度调整腰线。如果相差超过

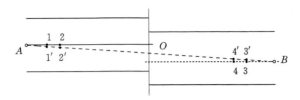

图 5-15　运输巷贯通后中线的调整

2‰,则应延长调整坡度的距离,直到调整的坡度与设计坡度相差不超过 2‰为止。在斜巷中,腰线的调整一般要求不十分严格,可由掘进人员自行掌握。

5.5.3　贯通测量施测中应注意的问题

贯通结果的好坏,固然取决我们所选择的贯通方案和测量方法是否正确,然而,更重要的还是实际施测工作的质量。我们需要在实际施测过程中,根据实测成果衡量所达到的精度,进行可靠的检核,及时填图,并经常检查和调整贯通巷道的方向和坡度,必要时可以采取某些施工上的措施,以尽量减少测量误差对工程的影响,保证井巷能按设计要求准确贯通。

① 注意原始资料的可靠性。对工程设计的资料,包括方位、坐标、距离、高程、坡度等要进行认真的检核。对测量起算数据要反复查对,确保准确无误。使用地面控制网时,必须对原网的精度以及控制网是否受采动影响等了解清楚,必要时应实地进行检查测量。对于地面控制点和井下测量起始点,必须查明无破坏和移动后方能使用。

② 各项测量工作都要有独立的检核,要进行复测复算,防止产生粗差。对于重要的贯通工程,在进行复测时,应尽可能换人观测和计算,条件允许时,最好换用仪器和钢尺,复测后方可施工。

③ 精度要求很高的重要贯通,要采取提高精度的相应措施,并注意解决施测中发现的问题。措施是多方面的,如设法提高定向测量的精度,有条件时,可加测陀螺定向边,并进行平差;在施测高精密导线时,要尽可能采用长边导线,并使用光电测距仪量边;对井下边长较短的测站,要设法提高仪器和觇标的对中精度,如采取防风措施,采用光学对中,加大垂球质量,增加重新对中测回数,或者采用三架法测量;斜巷中测角要注意仪器整平的精度,并考虑经纬仪竖轴的倾斜改正问题;钢尺量边时要采用精确比长过的钢尺,制定量边细则,规定各项限差要求等。

④ 对施测成果要及时进行精度分析,并与原误差预计的精度要求进行比较,各个环节不能低于原精度要求,做到及时发现问题,必要时进行重测。

⑤ 利用测量成果计算标定要素时,注意不能抄错或用错已知数据资料。实地标定时,注意不能用错测点,要求井下测点标志编号醒目、清晰。

⑥ 贯通巷道掘进过程中,要及时进行测量和填图,并根据测量成果,及时调整巷道掘进的方向和坡度。如采用全断面一次成巷施工,贯通前应暂时采用临时支护,以减少贯通后的巷道整修工作量。

有了测量方案之后,通过实际施测,常能发现在制订方案时所没有考虑到的一些问题。因此在施测过程中,可以进一步完善和充实原定的方案。

测量工作要尽量满足施工的要求,保证巷道准确地贯通。但由于某些长距离的重要贯通工程的设计精度要求较高,为避免测量误差对工程质量产生影响,可以在施工上采取一些相应的技术措施,以提高贯通工程的质量。例如,长距离测量的立井贯通,往上打反井可采取小断面开凿,在立井延深工程中,在某些难于保证测量精度的情况下,可以先在保护岩柱中打两个钻孔或一个小方井,挂上两根或一根垂球线来校核井中的位置或井筒十字中线方向后,再行安装罐梁罐道;在运输大巷和斜巷贯通时,巷道掘进一般是一次成巷,但在贯通前的最后一段距离内,可不一次成巷,等贯通后再刷帮成巷和铺设永久轨道等。

5.5.4 重要贯通工程中应考虑的问题

对于某些两井间的大型巷道贯通工程和大型立井贯通工程,应根据矿区在投影带内所处的位置、近井控制网的情况、矿井地面与井下高差的大小等情况,考虑加入井下导线边长化算到海平面的改正和高斯投影平面的改正。这是由于地面近井控制网的边长通常已归化到海平面和投影到高斯平面上,投影后的边长已产生变形,如果井下导线边长不做相应的投影改正,就会使井上、下的长度关系不一致,就可能使两井间的大型贯通产生较大的误差,甚至越过贯通的容许偏差,使工程蒙受巨大损失。

5.6 贯通工程方案设计及技术总结

5.6.1 贯通工程方案设计

5.6.1.1 贯通测量设计书的编制

贯通工程,尤其是重要的贯通工程,关系整个工程的设计、建设与生产,所以必须认真对待。测量人员应在重要贯通工程施测之前,编制好贯通测量设计书。特别重要的贯通测量设计书要报主管部门审批。

编制贯通测量设计书的主要任务是选择合理的测量方案和测量方法,以保证巷道正确贯通。设计书可参照下列提纲编制:

① 贯通工程概况。包括巷道贯通工程的目的、任务和要求,巷道贯通允许偏差值的确定,比例尺不小于1:2 000的井巷贯通工程图。

② 贯通测量方案的选定。包括地面控制测量,井巷联系测量及井下控制测量,起始数据选择及布网方案设计。

③ 贯通测量方法。包括采用的仪器、测量方法及其限差。

④ 贯通测量误差预计。绘制比例尺不小于1:2 000的贯通测量设计平面图,在图上绘出与工程有关的巷道和井上、下测量控制点;确定测量误差参数,并进行误差设计,预计误差采用中误差的两倍,它应小于规定的容许偏差。

⑤ 贯通测量成本预计。包括所需工时数及仪器折旧和材料消耗等成本概算。

⑥ 贯通测量中存在的问题和采取的措施。

5.6.1.2 选择贯通测量方案的一般方法

(1) 初步确定贯通测量方案

在接受贯通测量任务之后,首先应向贯通工程的设计和施工部门了解有关贯通工程的设计、部署、工程限差要求和贯通相遇点的位置等情况,并检核设计部门提供的图纸资料。

还要收集与贯通测量有关的测量资料,抄录必要的测量起始数据,并确认其可靠性和精度。绘制巷道贯通测量设计平面图,并在图上绘出与工程有关的巷道和井上下测量控制点、导线点、水准点等,为测量设计做好准备工作。然后就可以根据实际情况拟订出可供选择的测量方案。在开始时可能有几个方案,如地面平面控制是采用 GPS 网、测角网、测边网,还是导线网?平面联系测量是采用几何定向(两井定向或一井定向),还是采用陀螺定向?如果采用陀螺定向,则在井下导线中还要加测几条陀螺定向边,加测在什么位置等。经过对几种方案的对比,根据误差大小、技术条件、工作量和成本大小、作业环境好坏等进行综合考虑,结合以往的实际经验,初步确定一个较优的贯通测量方案。

(2)选择合适的测量方法

测量方案初步确定后,选用什么仪器和采用哪种测量方法,规定多大的限差,采取哪些检核措施,都要逐个确定下来。这步工作是和误差预计相配合进行的,常常有反复的过程。通常是根据施测单位现有的仪器和常用的测量方法,凭以往的经验先确定一种,经过反复误差预计,最后才能确定下来。对于大型重要贯通,有必要时也可以考虑向上级和兄弟单位求援,借用或租用先进的仪器,或由不同的测量人员分别独立进行测量,并把最终成果互相对比检核,以便更有把握。

(3)进行贯通误差预计

根据所选择的测量仪器和测量方法,确定各种误差参数。这些参数原则上应尽量采用以往积累和分析得到的实际数据。如果缺乏足够的实测资料时,可采用有关测量规程中提供的数据或比照同类条件的其他测量单位的资料。当然,也可采用理论公式来估算各项误差参数。以上 3 种方法可以结合使用,互相对比,从而确定出最理想的误差参数。

依据初步选定的贯通测量方案和各项误差参数,就可以估算出各项测量误差引起的贯通相遇点在贯通重要方向上的误差。通过误差预计,不但能求出贯通的总预计误差的大小,而且还可以知道哪些测量环节是主要误差来源,以便在修改测量方案与测量方法时有所侧重,并在将来施测过程中给予充分重视。

(4)贯通测量方案和测量方法的最终确定

将估算所得的贯通预计误差与设计要求的容许偏差进行比较,当前者小于后者时,则初步确定的测量方案和测量方法是可行的;当前者大于后者时,则应调整测量方案与测量方法,如增加观测的测回数或加测陀螺定向边等,然后再进行估算,通过逐步趋近的方法,直到符合精度要求为止。当然,若预计的精度过高也是不合适的,这样将会增加不必要的劳动强度和测绘工作量。应当指出,在确有困难的情况下,可以要求在施工中采取某些特殊技术措施或改变贯通相遇点位置。

通过以上 4 个步骤,按照测量方案最优、测量方法合理、预计误差小于容许偏差的原则,把测量方案与方法最终确定下来,编写出完整详细的贯通测量设计书,作为施测的依据。

5.6.2 贯通工程技术总结的编写

5.6.2.1 贯通实测资料的精度分析

贯通测量工作,尤其是一些大型重要贯通的测量工作,通常都独立进行两次甚至更多次,这样便积累了相当多的实测资料。我们有可能对这些资料进行精度分析,以评定实测成果的精度,并为以后再进行类似贯通测量工作提供可靠的参考依据。

　　例如,可以由多个测站的角度两次或多次独立观测值分析评定测角精度,用多条导线边长的两次或多次独立观测结果分析评定量边精度,并将分析评定得到的数值与原贯通测量误差预计时要求的测角、量边精度进行对比,看是否达到了要求的精度。如果实测精度太低,则有必要返工重测,或采取必要措施以提高实测精度,以免对贯通工程造成无法挽回的损失。又如,可以由两次或多次独立定向成果求得一次定向中误差;由地面、井下复测支导线的两次或多次复测所求得的导线最终边坐标方位角的差值和导线最终点的坐标差值来衡量导线的整体实测精度。尽管根据两次或三次成果来评定定向和导线测量的精度时,由于数据较少,评定出的结果不十分可靠,但也在一定程度上客观地反映了实测成果的质量,有利于我们在贯通测量的施测过程中及时了解和掌握各个测量环节,而不是直到贯通工程结束后才一次性地核对最后的实际贯通偏差。

5.6.2.2　贯通测量技术总结编写提要

　　贯通测量技术总结是一项重要的工作,重大贯通工程结束后,除了测定实际贯通偏差、进行精度评定外,还应编写相应的贯通测量技术总结,连同贯通测量设计书和全部内业资料一起存档保管。

　　下面简要列出贯通测量技术总结编写提纲:

　　① 贯通工程概况。贯通巷道的用途、长度、施工方式、施工日期及施工单位以及贯通相遇点的确定。

　　② 贯通测量工作情况。参加测量的单位、人员;完成的测量工作量及完成日期;测量所依据的技术设计和有关规范;测量工作的实际支出决算,包括人员工时数、仪器折旧费和材料消费等。

　　③ 地面控制测量,包括平面控制测量和高程控制测量。平面控制网的图形;测量时间和单位,观测方法和精度要求,观测成果的精度评定;近井点的测设及其精度评定。

　　④ 联系测量。定向及导入高程的方法;所采用的仪器,定向及导入高程的实际精度。

　　⑤ 地下控制测量。贯通导线施测情况及实测精度的评定;导线中加测陀螺定向边的条数、位置及实测精度;井下高程控制测量情况及其精度;原设计的测量方案的实施情况及对其可行性评价,曾做了哪些变动及变动的原因说明。

　　⑥ 贯通精度。贯通工程的容许偏差值,贯通的预计误差;贯通的实际偏差值及对贯通巷道正常使用的影响程度。

　　⑦ 对本次贯通测量工作的综合评述。

　　⑧ 全部贯通测量工作明细表及附图。

第6章 盾构法地下工程测量

6.1 盾构法概述

盾构法是现阶段在软弱地层中修建地铁和交通隧道以及各种用途管道的最先进的施工方法之一,应用相当广泛。盾构法是以所谓的"盾构"为机械,在围岩中推进,一边防止土砂的崩坍,一边在其内部进行开挖、衬砌作业修建隧道的方法。用盾构法修建的隧道称为盾构隧道。

盾构法的概貌如图 6-1 所示。首先,在隧道某段的一端建竖井或基坑,盾构安装就位后,从竖井或基坑的墙壁出发,在地层中沿着设计轴线,向另一竖井或基坑的设计孔推进。盾构推进中所受到的地层阻力,通过盾构千斤顶传至盾构尾部已拼装的预制隧道衬砌结构,再传到竖井或基坑的后靠壁上。盾构是这种施工方法中最主要的独特的施工机具,它是一个既能支撑地层载荷又能在地层中推进的圆形、矩形或马蹄形等特殊形状的钢筒结构。在钢筒的前面设置各种类型的支撑和开挖土体的装置,在钢筒段周围内面安装顶进所需的千斤顶,钢筒尾部是具有一定空间的壳体,在盾尾内可以拼装 1～2 环预制的隧道衬砌环。盾构每前进 1 环距离,就在盾尾支护拼装 1 环衬砌,并及时向紧靠盾尾后面的开挖坑道周边与

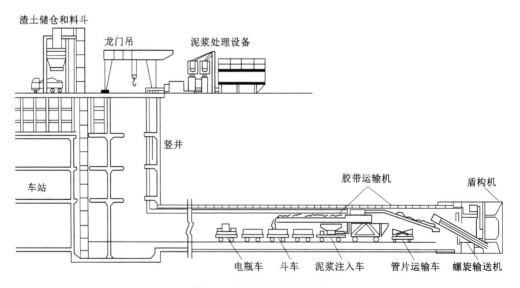

图 6-1 盾构机掘进示意图

衬砌环外周之间的空隙中压注足够的浆体,以防止围岩松弛和地面下沉。在盾构推进过程中不断从开挖面排出适量土方。

6.2　盾构法施工测量的程序、项目及方法

6.2.1　施工测量程序

在盾构区间,其主要测量程序见图 6-2 所示。

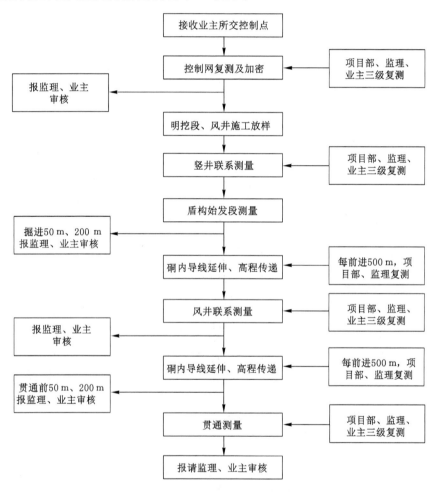

图 6-2　盾构法施工测量程序图

6.2.2　主要测量项目及方法

6.2.2.1　地面控制测量

交接桩后,根据业主提供的工程定位资料和测量标志资料,对所给导线网、水准网及其他控制点还需进行复测;同时测设施工过程中使用的固定桩,并将测量成果书报请监理工程师及业主审查、批准。

（1）引测近井导线点

利用业主及工程师批准的测量成果书，由精测组以最近导线点为基点，引测至少 3 个导线点至每个端头井附近，布设成三角形，形成闭合导线网。

（2）引测近井水准点

利用业主及工程师批准的水准网，以最近的水准点为基点，将水准点引测至端头井附近，测量等级达到国家二等。每端头井附近至少布设两个埋设稳定的测点，以便相互校核。

6.2.2.2 竖井联系测量

（1）平面坐标传递

平面坐标传递采用导线定向法测量。首先利用经检验过的地面控制点将坐标方位传递到地面近井导线点上，然后从地面近井导线点向地下采用导线测量的方法进行定向，其垂直角应小于 30°。地面坐标方位的传递和联系导线测量均按精密导线测量的精度进行，该测量使用仪器的精度同全站仪，但需要观测的测回数有差异。观测距离时每条边均往返观测，各测两测回，每测回读数两次，并测定温度和气压，现场输入全站仪进行气象改正，仪器的加乘常数也同时自动改正；定向测量时向井下传递至少 3 个导线点，以利于相互校核。

当全站仪的俯角过大时，需采用一井定向或两井定向进行测定，以保证控制测量精度。

（2）视线高法的高程传递

用鉴定后的钢尺，挂重锤 10 kg，用两台水准仪在井上下同步观测，将高程传至井下固定点。用 6~8 个视线高，最大高差差值不大于 2 mm。整个区间施工中，高程传递至少进行 3 次，如图 6-3 所示。

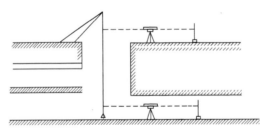

图 6-3 高程传递示意图

6.2.2.3 井下控制测量

（1）井下平面控制测量

以竖井联系测量的井下起始边为支导线的起始边，沿隧道设计方向布设导线。直线段导线边长不小于 200 m 布设一点，曲线段导线边长不小于 100 m 布设一点。导线采用左右角观测，圆周角闭合差不大于 2″。如区间隧道较长，为了减小隧道的贯通误差，特在盾构机通过中间风井后，进行投点联系测量或陀螺仪定向，以消除隧道前半个区间贯通误差的影响，从而大大提高隧道的贯通精度。

（2）井下水准测量

以竖井传递的水准点为基准点，沿隧道直线段 100 m 左右布设一个固定水准点，曲线段每 50 m 左右布设一个固定水准点。按国家三等水准测量标准施测，相邻测点往返测闭合差不大于 3 mm，全程闭合差不大于 $12\sqrt{L}$ mm（L 为全程长度，单位符号为 km）。

6.2.2.4　盾构推进测量

盾构推进测量以 SLS-T 导向系统为主,辅以人工测量校核。

SLS-T 导向系统能够全天候地动态显示盾构机的当前位置和相对于隧道设计轴线的位置偏差,主司机可根据显示的偏差及时调整盾构机的掘进姿态。该系统主要组成部分有 ELS 靶、激光全站仪、后视棱镜、工业计算机等,如图 6-4 所示。

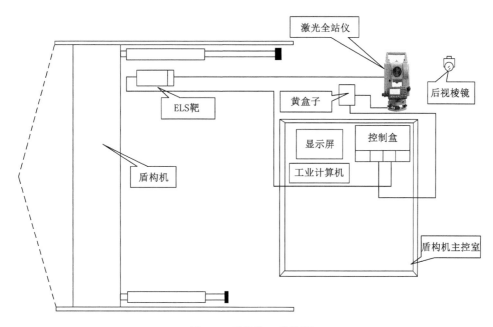

图 6-4　盾构施工结构图

每周进行 2 次人工测量复核,为了保证导向系统的准确性,确保盾构机沿着正确的方向掘进,需周期性地对 SLS-T 导向系统的数据进行人工测量校核。

6.2.2.5　贯通测量

盾构通过每一车站后,联测地上、井下导线网、水准网,并进行平差,为精密铺轨提供具有一定精度和密度的导线点与水准点。

6.3　盾构始发洞门圈中心定位

6.3.1　概述

在使用盾构机进行地铁隧道施工时,一般要在盾构机出发和到达的隧道洞口设洞门圈,如图 6-5 所示。设置洞门圈的目的是将车站结构和混凝土管片连接为整体,有利于车站和区间节点处的防水。洞门圈的形状多为圆环形,盾构机出发或到达时将从洞门圈内穿过。在隧道贯通前,盾构机的导向系统会根据盾构到达井洞门圈中心的三维坐标确定掘进方向。由于放样和施工存在误差,洞门圈施工完成后的实际中心与洞门圈设计中心并不一定重合,所以应该对洞门圈实际中心的三维坐标进行测量。洞门圈中心坐标测量的精度直接关系到盾构机能否顺利出洞,必须较精确地测定。洞门圈的形状为一个圆环,圆心位置不能直接测量,需要通过其他方法间接测量。

图 6-5　洞门圈

6.3.2　圆心测量方法

洞门圈的内边缘是空间的一个圆,为了确定这个圆的圆心,可以在洞门圈的内边缘上选取 3 个点并测量其三维坐标,过这 3 个点的外接圆的圆心即为洞门圈的中心。在实际测量中,为了提高测量的精度和可靠性,经常选取 3 个以上的点进行测量,此时需要按照最小二乘法来处理观测数据,以获取圆心坐标的最或然值。

6.3.3　圆心解算的数学模型

在空间解析几何中,空间的一个圆可以由如下的联立方程组表示:

$$\begin{cases} Ax + By + Cz + D = 0 & (6\text{-}1) \\ (x - x_0)^2 + (y - y_0)^2 + (z - z_0)^2 = R^2 & (6\text{-}2) \end{cases}$$

在方程组中,式(6-1)是空间一个平面的方程,式(6-2)表示一个与上述平面相交的球面,平面与球面的交线即为空间的圆。当式(6-2)表示的球面,其球心位于式(6-1)表示的平面上,即满足式(6-3)时:

$$Ax_0 + By_0 + Cz_0 + D = 0 \qquad (6\text{-}3)$$

方程组所表示的圆,其圆心与式(6-2)所表示的球面的球心互相重合,(x_0, y_0, z_0) 就是圆心坐标,圆的半径也与球的半径相等。为了使平面方程的表达式唯一,我们令平面的法向量为单位向量,也就是 A、B、C 满足:

$$\sqrt{A^2 + B^2 + C^2} = 1 \qquad (6\text{-}4)$$

在上述条件下,假设有圆上的 3 个点,将它们的三维坐标代入方程组,得到 6 个独立的方程式,再加上式(6-3)、式(6-4),总共有 8 个独立方程式。方程组中虽然含有未知数的二次项,但是通过变换均可消去。

这样就可以唯一地求得方程组中的 8 个未知参数,这 8 个参数中的 x_0、y_0、z_0 即分别为所求洞门圈的中心坐标和洞门圈半径。

6.4　盾构反力架和始发托架的放样

反力架的固定：在二次始发段，反力架的后部没有可供反力架水平支撑的端墙或柱体，故现改为斜撑。始发阶段盾构机的总推力不超过 $1×10^4$ kN，对反力架的斜撑、预埋钢板要分别进行受力分析，检算它们的强度、刚度、抗弯、抗剪及稳定性等，确保结构的安全。型钢与预埋钢板及型钢与反力架之间的连接必须紧密、牢固，焊接时要进行满焊，焊缝高度不小于 20 mm。

6.5　盾构机的掘进方向控制和盾构姿态测量

由于地层软硬不均、隧道曲线和坡度变化以及操作等因素的影响，盾构推进时可能会产生方向上的偏差。施工中必须采取有效的技术措施来控制掘进方向，并及时有效地纠正掘进偏差。

6.5.1　盾构掘进方向的控制

采取以下方法控制盾构掘进方向：

（1）采用 SLS-T 隧道自动导向系统和人工测量辅助进行盾构姿态监测

该系统配置了导向、自动定位、掘进程序软件和显示器等，能够全天候在盾构机主控室动态显示盾构机当前位置与隧道设计轴线的偏差以及趋势。据此调整控制盾构机掘进方向，使其始终保持在允许的偏差范围内。

随着盾构推进，导向系统后视基准点需要前移，必须通过人工测量来进行精确定位。为保证推进方向的准确可靠，拟定期人工测量，以校核自动导向系统的测量数据并复核盾构机的位置、姿态，确保盾构掘进方向的正确。

（2）采用分区操作盾构机推进油缸控制盾构掘进方向

根据线路条件所作的分段轴线拟合控制计划、导向系统反映的盾构姿态信息，结合隧道地层情况，通过分区操作盾构机推进油缸来控制掘进方向。

在上坡段掘进时，适当加大盾构机下部油缸的推力和速度；在下坡段掘进时，则适当加大上部油缸的推力和速度；在左转弯曲线段掘进时，适当加大右侧油缸推力和速度；在右转弯曲线段掘进时，则适当加大左侧油缸的推力和速度；在直线平坡段掘进时，应尽量使所有油缸的推力和速度保持一致。

在均匀的地层中掘进时，保持所有油缸推力与速度一致；在软硬不均的地层中掘进时，则应根据不同地层在断面的具体分布情况，遵循硬地层一侧推进油缸的推力和速度适当加大、软地层一侧油缸的推力和速度适当减小的原则来操作。

在稳定的硬岩段掘进时，可将盾体上的两个稳定器伸出撑紧岩壁，以减小推进时盾构的振动，防止发生盾构机滚动偏差。

6.5.2　盾构掘进姿态的调整与纠偏

在实际施工中，盾构机推进方向可能会偏离设计轴线并超过管理警戒值。在稳定地层中掘进,因地层提供的滚动阻力小,可能会产生盾体滚动偏差;在线路变坡段或急弯段掘进,有可能产生较大的偏差。发生上述情况时,应及时调整盾构机姿态,纠正偏差。

① 参照上述方法分区操作推进油缸来调整盾构机姿态、纠正偏差,将盾构机的方向控制调整到符合要求的范围内。

② 在急弯和变坡段,必要时可利用盾构机的超挖刀进行局部超挖来纠偏。

③ 当滚动超限时,盾构机会自动报警,此时应采用盾构刀盘反转的方法纠正滚动偏差。

6.5.3 方向控制及纠偏注意事项

① 在切换刀盘转动方向时,应保留适当的时间间隔,切换速度不宜过快。根据掌子面地层情况,应及时调整掘进参数。调整掘进方向时应设置警戒值与限制值,达到警戒值时就应该实施纠偏程序。

② 进行修正及纠偏时应缓慢进行。在直线推进的情况下,应选取盾构当前所在位置点与设计线上远方的一点作一直线,然后再以这条线为新的基准进行线型管理。在曲线推进的情况下,应使盾构当前所在位置点与远方点的连线同设计曲线相切。

③ 推进油缸油压的调整不宜过快、过大。

④ 正确进行管片选型,确保拼装质量与精度,以使管片端面尽可能与计划的掘进方向垂直。

⑤ 盾构始发到达时方向控制极其重要,应按照始发、到达掘进的有关技术要求,做好测量定位工作。

6.5.4 平杆法盾构姿态测量

盾构姿态测量是指测定盾构机轴线与设计轴线的左右偏差值和上下偏差值,以及盾构机的坡度。盾构掘进过程中的姿态测量主要以自动测量为主,人工测量为辅。人工测量盾构姿态采用三点法进行。如图 6-6 所示,首先在铰接处选取两个点 E、W,两个点在盾构中心线两侧对称处,并使其处于水平(以盾构滚动角是零时为准);在拼装架稳定处选取一点 B,使其在盾构中心线上。测量各点坐标,根据始发前测量的盾构姿态确定 E、W、B 与盾构机前参考点 N、后参考点 S,建立立体模型解算出 W、E、B 与 N、S 间的参数。在盾构推进过程中测出 E、W、B 的三维坐标,根据它们和前后参考点的关系,用 W、E 解算盾构机此时的绝对方位角和滚动角,用 E、W、B 计算盾构机的仰俯角,求得前后参考点坐标及设计的偏差值。

6.5.5 解析法(三点定圆心)盾构机姿态位置测量

在隧道推进的过程中,必须独立于 SLS-T 系统定期对盾构机的姿态和位置进行检查。间隔时间取决于隧道的具体情况,在有严重光折射效应的隧道中,每次检查之间的间隔时间应该比较短,这主要是由于空气温度差别很大。论述折射及其效应的资料有很多,此处不再详述。在隧道测量时必须始终考虑这一效应,低估这个问题可能会引起严重的困难,尤其在长隧道中。

在盾构机内有 18 个参考点(M8 螺母),这些点在盾构机构建之前就已经定好位了,它们相对于盾构机的轴线有一定的参数关系(表6-1),即它们与盾构机的轴线构成局部坐标系

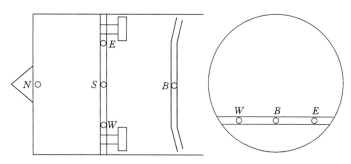

图 6-6　平杆法测量盾构姿态示意图

（图 6-7）。在进行测量时，只要将特制的适配螺栓旋到 M8 螺母内，再装上棱镜，就可以用棱镜法来对盾构机的姿态进行检查。现在对这些参考点的测量可以达到毫米的精度。已知的坐标和测得的坐标经过三维转换，与设计坐标比较，就可以计算出盾构机的姿态和位置参数等。下面说明如何用棱镜法计算盾构机的姿态和位置。

我们利用洞内地下导线控制点，只要测出 18 个参考点中的任意 3 个点（最好取左、中、右 3 个点）的实际三维坐标，就可以计算盾构机的姿态。对于以盾构机轴线为坐标系的局部坐标来说，无论盾构机如何旋转和倾斜，这些参考点与盾构机的盾首中心和盾尾中心的空间距离是不会变的，它们始终保持一定的值，这些值我们可以从它的局部坐标系中计算出来。

假设已经测出左、中、右（3、8、15 号）三个参考点的实际三维坐标，分别为 (x_1, y_1, z_1)，(x_2, y_2, z_2)，(x_3, y_3, z_3)，并设未知量为盾首中心的实际三维坐标 $(X_首, Y_首, Z_首)$ 和盾尾中心的实际三维坐标 $(X_尾, Y_尾, Z_尾)$。在以盾构机轴线构成的局部坐标系中，盾首中心为坐标原点，坐标为 $(0, 0, 0)$，盾尾中心坐标为 $(-4.34, 0, 0)$。从表 6-1 也可以看出各参考点在局部坐标系中的坐标值。

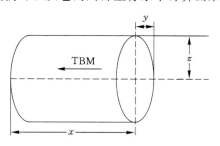

图 6-7　盾构机轴线局部坐标系

表 6-1　盾构机局部坐标系各参考坐标值/m

点号	Y	X	Z
1	-2.3692	-3.9519	1.1136
2	-2.2857	-3.9590	1.4371
3	-1.9917	-3.9567	1.6565
4	-1.6701	-3.9553	1.2943
5	-1.6992	-3.9537	0.9055
6	1.5253	-3.9619	2.2475
7	-0.5065	-3.9662	2.6598
8	-0.3638	-3.9701	2.8150
9	0.3992	-3.9631	2.7112

表 6-1(续表)

点号	Y	X	Z
10	0.5947	-3.9643	2.6543
11	1.4023	-3.9599	2.4068
12	1.5591	-3.9580	2.2341
13	1.9421	-3.9562	1.7753
14	2.1588	-3.9604	1.6007
15	2.3056	-3.9560	1.1695
16	1.8846	-3.9568	1.3641
17	1.8146	-3.9580	1.0731
18	-2.8549	-3.9605	0.5644

根据以上数据就可以列出两组三元二次方程组,来解出盾首中心和盾尾中心的实际三维坐标。方程组如下:

第一组(计算盾首中心三维坐标):

$$(x_1 - X_首)^2 + (y_1 - Y_首)^2 + (z_1 - Z_首)^2 = (-3.9576)^2 + (-1.9917)^2 + (1.6565)^2$$
$$(x_2 - X_首)^2 + (y_2 - Y_首)^2 + (z_2 - Z_首)^2 = (-3.9701)^2 + (-0.3638)^2 + (2.8150)^2$$
$$(x_3 - X_首)^2 + (y_3 - Y_首)^2 + (z_3 - Z_首)^2 = (-3.9560)^2 + (2.3056)^2 + (1.1695)^2$$

第二组(计算盾尾中心三维坐标):

$$(x_1 - X_尾)^2 + (y_1 - Y_尾)^2 + (z_1 - Z_尾)^2 = (-3.9576 + 4.34)^2 + (-1.9917)^2 + (1.6565)^2$$
$$(x_2 - X_尾)^2 + (y_2 - Y_尾)^2 + (z_2 - Z_尾)^2 = (-3.9701 + 4.34)^2 + (-0.3638)^2 + (2.8150)^2$$
$$(x_3 - X_尾)^2 + (y_3 - Y_尾)^2 + (z_3 - Z_尾)^2 = (-3.9560 + 4.34)^2 + (2.3056)^2 + (1.1695)^2$$

三个方程三个未知量,采用专业软件解算方程组。我们测出某一里程盾构机上三个参数点(3、8、15)的实际三维坐标分别为:

$$x_1 = 45336.775, y_1 = 29534.236, z_1 = -1.434$$
$$x_2 = 45336.610, y_2 = 29535.846, z_2 = -0.263$$
$$x_3 = 45336.461, y_3 = 29538.525, z_3 = -1.885$$

把以上数据代入第一组方程组,就可以解出盾首中心的实际三维坐标为:

$$X_首 = 45340.608, Y_首 = 29536.538, Z_首 = -2.975$$

在该里程上盾首中心的设计三维坐标为:

$$X_首 = 45340.610, Y_首 = 29536.520, Z_首 = -2.945$$

$\Delta X = -2$ mm, $\Delta Y = 18$ mm,盾首中心左右偏差 $= +\sqrt{(-2)^2 + (18)^2} = +18$(正号表示偏右)。$\Delta Z = -30$ mm,盾首中心上下偏差 $= -30$ mm(负号表示偏下)。

代入第二组方程组,可以解出盾尾中心的实际三维坐标为:

$$X_尾 = 45336.280, Y_尾 = 29536.209, Z_尾 = -3.083$$

在该里程上盾尾中心的设计三维坐标为:

$$X_尾 = 45336.282, Y_尾 = 29536.192, Z_尾 = -3.055$$

$\Delta X = -2$ mm, $\Delta Y = 17$ mm,盾尾中心左右偏差 $= +\sqrt{(-2)^2 + (17)^2} = +17$(正号表

示偏右)。$\Delta Z = -28$ mm,盾尾中心上下偏差$= -28$ mm(负号表示偏下)。

$$盾构机的坡度 = (-2.975+3.083)/4.34 = +25‰$$

从以上数据可以得知,在与对应里程上盾首中心和盾尾中心设计的三维坐标比较后,就可以得出盾构机轴线与设计轴线的左右偏差值和上下偏差值,以及盾构机的坡度,这就是盾构机的姿态。

把计算得出的盾构机姿态与自动导向系统在计算机屏幕上显示的姿态做比较,据我们的实践经验,只要两者的差值不大于 10 mm 就可以认为自动导向系统是正确的。

6.6　隧道管片的拼装与姿态测量

盾构掘进作业的工序流程如图 6-8 所示,其掘进控制程序如图 6-9 所示。

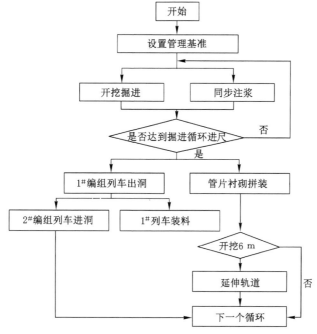

图 6-8　盾构掘进作业工序流程

6.6.1　二次始发段如何确保盾构机的进洞姿态

以往盾构机在始发前,先要根据盾构机的进洞姿态预制钢筋混凝土的条形基础;然后在条形基础上安放始发台,始发台的位置要根据盾构机的进洞姿态进行准确定位。始发台的定位完成后,再将盾构机用大型吊机吊运到始发台上,之后再根据盾构机的姿态精确调整始发台的位置。盾构机的进洞姿态满足设计要求后,再将始发台与条形基础固定,从而确保盾构机的下部支撑是一个刚性的整体。

纵观盾构机始发姿态的定位过程,可以发现,由于盾构机主机的体积大(如长 8.5 m,刀直径达 6.28 m)、质量大(重达 300 t),它的定位过程比较复杂,同时它的姿态调整也比较困难。在二次始发段,隧道的空间小,人员、机具的活动受到很大的限制,如何保证在如此狭小

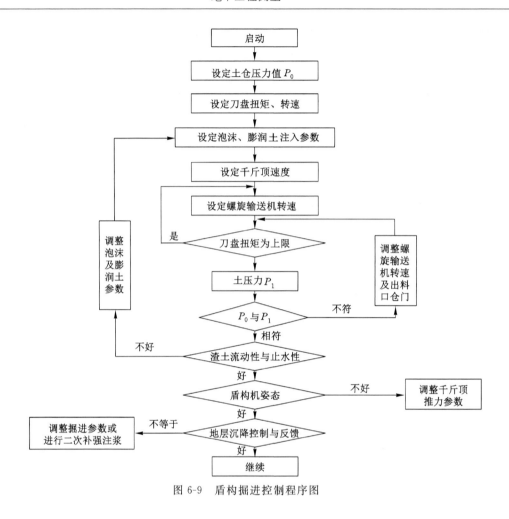

图 6-9　盾构掘进控制程序图

的空间完成盾构机始发姿态的定位工作将是我们必须面对的一个难题。可以从两个方面进行：

首先,调整好盾构机从盾构段到暗挖段时的出洞姿态,确保盾构机出洞时的旋转值小于±3 mm/m。在盾构通过段及风井扩大段均注意调整好盾构机姿态,确保盾构机的旋转值小于±5 mm/m。这样,盾构机进洞姿态的旋转值就无须再进行调整了。

其次,暗挖隧道施工时要确保导台位置的准确性。在二次始发导台施工时,要加强监测频率,确保导台的施工精度在±10 mm以内。由于预埋导轨是盾构机的直接支撑,导轨的位置直接决定了盾构机的姿态,因此在预埋导轨施工时,要特别注意调整好预埋导轨的位置、斜度等,保证施工误差在±5 mm之内,从而保证了盾构机的姿态满足设计要求。只要我们控制好盾构机的旋转值和导轨的位置,就无须再调整盾构机的位置,而盾构机的姿态就可达到设计要求。

6.6.2　管片姿态测量

管片测量包括测量管片环的环中心偏差、环的椭圆度和环的姿态。对管片测量,每次不少于3环,每环都应测定待测环的前端面。相邻管片环测量时应重合测定2～3环环片。环片平面和高程测量允许误差为 ±15 mm。成型后的管片如图 6-10 所示。

图 6-10 成型后的管片

环状管片中心平面位置和标高的测量采用简便的"水平标杆法",如图 6-11 所示。

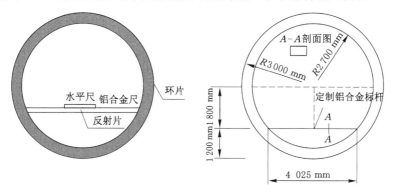

图 6-11 水平标杆法管片姿态测量

根据管环的内径(5.4 m),用铝合金制作一长为 4.025 m 的铝合金尺,在铝合金尺中央贴上一个反射贴片。根据管环、铝合金尺、反射贴片的尺寸,就可以计算出实际的管环中心与铝合金尺上反射贴片中心的高差。测量时,首先用水平尺把铝合金尺精确整平,然后用全站仪测量出铝合金尺上反射贴片中心的三维坐标,就可以推算出实际的管环中心的三维坐标。每次测量管环时,应重叠 5 环已经稳定了的管环,这样就可以消除测错的可能。

6.7 管片的安装、测量与调整

管片衬砌采用错缝拼装方式,有利于提高隧道总体刚度,改善管片受力状态。

6.7.1 管片安装程序

管片安装程序如图 6-12 所示。

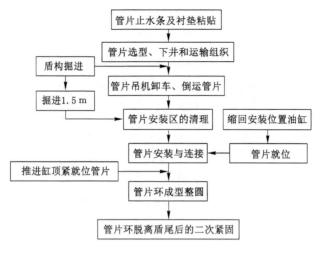

图 6-12　管片安装程序

6.7.2　管片安装方法

①　管片选型以满足隧道线型为前提,重点考虑管片安装后盾尾间隙要满足下一掘进循环限值,确保有足够的盾尾间隙,以防盾尾直接接触管片。

②　管片安装必须从隧道底部开始,然后依次安装相邻块,最后安装封顶块。

③　安装封顶块前,应对止水条进行润滑处理,安装时先径向插入,调整位置后缓慢纵向顶推。

④　安装管片块到位后,应及时伸出相应位置的推进油缸顶紧管片,其顶推力应大于稳定管片所需的力,然后方可移开管片安装机。

⑤　安装完管片后应及时整圆,并在管片环脱离盾尾后要对管片连接螺栓进行二次紧固。

6.7.3　安装管片的质量保证措施

①　严格进场管片的检查,破损、裂缝的管片不用。下井吊装管片和运送管片时应注意保护管片和止水条,以免损坏。

②　粘贴止水条及软木衬垫前,应将管片进行彻底清洁,以确保其粘贴稳定牢固。施工现场管片堆放区应有防雨淋设施。粘贴止水条时应对其涂缓膨剂。

③　安装管片前应对管片安装区进行清理,清除污泥、污水,保证安装区及管片相接面的清洁。

④　严禁非管片安装位置的推进油缸与管片安装位置的推进油缸同时收缩。

⑤　安装管片时必须用管片安装的微调装置将待装的管片与已安装管片块的内弧面纵面调整到平顺相接以减小错台。调整时动作要平稳,避免管片碰撞破损。

⑥　同步注浆压力必须得到有效控制,注浆压力不得超过限值。

⑦　管片安装质量应以满足设计要求的隧道轴线偏差和有关规范要求的椭圆度及环、纵

缝错台标准进行控制。

6.7.4　管片错台估计

在暗挖段的过渡段,由于导轨是根据盾构机切口环的位置与理论线路的相对位置进行顺接的,盾构机在此位置推进时,也将是逐渐过渡的。因此,只要在过渡段加强管片选型与管片姿态调整,隧道在此位置就不会产生大的错台。另外,盾构机在掘进过程中,由于刀盘的支撑,在盾构机前体与管片之间形成了一个类似于简支梁的结构,当盾构机推力不足时,必然会因盾构机的自重作用,使盾构机主机后部悬空部分产生下沉,从而导致管片产生错台。当盾构机在暗挖段向前推进时,由于过渡段导台的作用,在通过过渡段之后,盾构机的前体、中体以及盾尾的盾壳必然与导台紧密接触,只要管片选型合适,不会因推力不足而产生错台。

6.7.5　防止拼装好的管片产生错台

采取措施,提高背衬回填物的密度和速度,从而保证管片下部有足够的抗力。在安装好的管片上增加纵向连接拉杆,保证管片之间有足够的拉力,从而进一步防止管片产生错台。

盾构的刀盘直径与管片外径的间隙为 30 cm,为确保管片环不因管片下沉而产生错台,在必要时,可缩短回填灌浆工作面与管片安装工作面的距离,甚至在盾尾外侧直接进行回填灌浆。

6.7.6　盾构机姿态与环片测量

要保证盾构机按设计规定的路线掘进,通常在盾构机上安装导向装置,如陀螺仪、全站仪等。这些导向装置在盾构机掘进中,随时标示出其姿态和纠正参数。但是,导向装置精度有限,加上施工干扰因素的影响,导向装置提供的数据精度不高、数据成果不可靠。由此可见,必须辅以人工测量方式对盾构机姿态进行检核观测,提供准确的姿态参数和纠正数据。

盾构机姿态测量主要是测定盾构机掘进瞬时的位置是否符合设计要求。姿态测量主要利用全站仪和辅助工具,测定盾构机上能表现盾构机特点的一些标志点,再通过几何计算确定盾构机瞬时掘进位置的正确性,为盾构机操作人员提供校正参数。盾构机姿态测量内容包括平面偏离、高程偏离、纵向坡度、横向旋转、旋切口里程等。

环片测量主要是测定环片安装位置是否符合设计要求。环片测量同样是利用全站仪和辅助工具,测定环片上的一些特征点,为环片安装人员提供校正参数。

衬砌环片测量内容包括环中心偏离、环的椭圆度、环的高程和坡度、环两侧纵向超前量以及环的横向旋转等。环片测量一般和盾构机姿态测量同时进行,所测的环片状态是环片背后未注浆前的瞬间状态。随着注浆压力和围岩应力对环片的作用,环片的空间位置将发生变化,环片的变化情况以及最终位置应在隧道变形测量中解决。

盾构姿态测量和环片测量应注意:

① 根据不同地层、不同盾构机特点、隧道掘进精度要求和导向系统自身精度及其所控制的距离,确定人工测量周期。

② 依据盾构机结构特点,确定测量内容,制订完善的测量方案。盾构机上的测量标志点不应少于 3 个,最好布设有多余观测点,使初始和中间测量都有可靠的检核条件。

③ 盾构机上的标志点与盾构机本身坐标系统的几何关系要准确。

④ 建立线路里程与线路任意点坐标间函数关系,以便及时、方便地对所测数据与设计值进行比较和检核。

⑤ 盾构机姿态和环片测量要达到信息化施工要求,从数据采集、处理到成果信息反馈都要实现自动化,及时为操作和安装人员提供姿态参数与纠正数据。

参 考 文 献

［1］ 北京交通大学.地铁工程监测测量管理与技术［M］.北京:中国建筑工业出版社,2013.

［2］ 冯大福.矿山测量［M］.武汉:武汉大学出版社,2013.

［3］ 干晓锐,赵宝森.矿山测量［M］.北京:机械工业出版社,2015.

［4］ 高井祥,吴立新,吕亚军.矿山测量新技术［M］.徐州:中国矿业大学出版社,2007.

［5］ 郭玉社,燕志明.煤矿测量学［M］.北京:化学工业出版社,2015.

［6］ 胡海峰.煤矿测量［M］.徐州:中国矿业大学出版社,2012.

［7］ 焦亨余.工程测量［M］.重庆:重庆大学出版社,2017.

［8］ 孔照壁,杨世清.生产矿井测量［M］.北京:煤炭工业出版社,1995.

［9］ 李青岳,陈永奇.工程测量学［M］.北京:测绘出版社,1995.

［10］ 李天文,龙永清,李庚泽.工程测量学［M］.2 版.北京:科学出版社,2016.

［11］ 李战红.矿山测量技术［M］.2 版.北京:煤炭工业出版社,2018.

［12］ 鲁纯.地下工程测量［M］.沈阳:东北大学出版社,2013.

［13］ 煤炭工业部生产司.煤矿测量手册［M］.北京:煤炭工业出版社,1979.

［14］ 王红亮,蔡颖.矿山测量［M］.北京:冶金工业出版社,2017.

［15］ 王金玲.工程测量［M］.武汉:武汉大学出版社,2013.

［16］ 王晓明,殷耀国.土木工程测量［M］.武汉:武汉大学出版社,2013.

［17］ 肖东升,叶险峰,邢文战.地下工程测量与量测［M］.成都:西南交通大学出版社,2013.

［18］ 张国良,朱家钰,顾和和.矿山测量学［M］.徐州:中国矿业大学出版社,2019.

［19］ 张正禄.工程测量学［M］.武汉:武汉大学出版社,2013.

［20］ 赵吉先,孙小荣.地下工程测量［M］.北京:测绘出版社,2005.

［21］ 郑文华.地下工程测量［M］.北京:煤炭工业出版社,2007.

［22］ 周立吾,张国良,林家聪.矿山测量学:生产矿井测量［M］.徐州:中国矿业大学出版社,
1987.